행복 … 한
인기 유튜버 … 의 무료 강의

저자 무료강의
YouTube
초등교사안쌤TV

- 유튜브에서 '초등교사 안쌤'을 **검색하거나 QR코드를 스캔**하면 무료로 강의를 들을 수 있습니다.
- 다음은 초등교사안쌤TV에서 들을 수 있는 강의 내용입니다.

강의 제목	주제
공부 및 학습방법 안내	• 학생들이 공부를 잘하기 위해 필요한 태도, 습관 안내 • 과목별 공부 방법, 교과서 공부 방법, 노트 정리 방법 등 실제적인 학습법 안내
상위 1% 학부모 되기	• 부모님의 성장을 위한 영상 안내 • 학교생활, 가정생활에서 부모님들께 전하고 싶은 내용
상위 1% 자녀교육	• 우리 아이, 자녀교육에 대한 영상 안내 • 학교생활, 가정생활에서 아이들과 부모님 모두에게 전하고 싶은 내용
독서교육 및 방법 안내	• 독서교육 방법 및 책 고르는 방법 • 함께 읽으면 좋을만한 도서 리뷰 안내
교육소식 및 뉴스 안내	• 국가교육 방향, 정책에서부터 교육과정 변화 등 뉴스나 이슈 안내 • 기초학력진단평가, 학업성취도평가 등 각종 시험에 대한 안내
학교와 교사에 대한 안내	• 학부모 상담, 공개수업, 학부모 총회 등 각종 학교 행사에 대한 안내 • 반 편성, 담임 편성, 자리 바꾸기 등 학교에서 궁금할만한 원리 안내 • 사람들이 궁금해하는 교사의 생각
기념일 및 역사공부	• 각 기념일마다 필요한 기본 상식을 배우며 역사 공부하기
배경지식 확장 및 개념 안내	• 학습의 기본 바탕이 되는 배경지식을 확장시킬 수 있는 영상

쌤이랑 초등수학 분수잡기 6학년

공부한 후에는 꼭 공부한 날짜를 적어보세요.
수학은 하루도 빠짐없이 꾸준히 공부할 때 실력이 쑥쑥 오른답니다.

6학년 1학기 분수편		
DAY	학습 주제	공부한 날짜
DAY 01	(자연수)÷(자연수)	(　　)월 (　　)일
DAY 02	(진분수)÷(자연수)	(　　)월 (　　)일
DAY 03	자연수의 나눗셈을 분수의 곱셈으로 나타내기	(　　)월 (　　)일
DAY 04	(가분수)÷(자연수), (대분수)÷(자연수)	(　　)월 (　　)일
DAY 05	단원 총정리	(　　)월 (　　)일

6학년 2학기 분수편		
DAY	학습 주제	공부한 날짜
DAY 06	분모가 같은 (분수)÷(분수)	(　　)월 (　　)일
DAY 07	분모가 다른 (분수)÷(분수)	(　　)월 (　　)일
DAY 08	(자연수)÷(분수)	(　　)월 (　　)일
DAY 09	분수의 나눗셈을 분수의 곱셈으로 나타내기	(　　)월 (　　)일
DAY 10	여러 가지 분수의 나눗셈	(　　)월 (　　)일
DAY 11	단원 총정리	(　　)월 (　　)일

쌤이랑 초등수학 분수잡기

6 학년

쌤이랑
초등수학
분수잡기
6학년

1판 1쇄 2023년 8월 15일

지은이 안상현
펴낸이 유인생
마케팅 박성하 · 이수열
디자인 NAMIJIN DESIGN
편집 · 조판 진기획
펴낸곳 (주) 쏠티북스
주소 (121–839) 서울시 마포구 양화로 7길 20 (서교동, 남경빌딩 2층)
대표전화 070–8615–7800
팩스 02–322–7732
이메일 saltybooks@naver.com
출판등록 제313–2009–140호

ISBN 979–11–92967–07–3

현직 초등교사 안쌤이랑 공부하면 **'분수가 쉬워요!'**

쌤이랑 초등수학 분수잡기

저자 무료강의
You Tube
초등교사안쌤TV

6학년

안상현 지음 | 고희권 기획

초등분수가 왜 중요한가?

안녕하세요. 초등교사 안쌤입니다.

저자 무료강의
YouTube
초등교사안쌤TV

수학 공부 잘하고 있으신가요?

1~4학년까지 초등수학 내용에서 큰 어려움이 없었던 친구들도 있을 것이고 3, 4학년 내용에서 조금씩 학습 결손이 발생하거나 심지어 수학에 대한 흥미를 잃어가는 친구들도 있을 거예요. 큰 어려움이 없었던 친구들은 단순 연산을 넘어 사고력을 요구하는 문제, 심화 문제도 어렵지 않게 도전할 수 있을 것이라 예상됩니다. 반면 학습 결손이 발생하거나 수학에 대한 흥미를 잃어가는 친구들은 고학년 내용을 배울수록 무슨 말인지 이해하기 어렵고, 점점 수학책을 쳐다보기조차 싫어질 수 있습니다. 수학은 학년 사이의 연계성이 매우 높은 과목이고 중학교 수학을 위해서는 초등학교 수학을 탄탄히 해두어야 하므로 부족한 부분이 있으면 꼭 복습을 하여 완벽하게 이해하길 바랍니다.

5, 6학년부터는 난이도가 더 높아진 수학을 만나게 됩니다. 1, 2학년 때는 실생활에서 (숫자, 시간 등) 자주 듣고 사용한 친근한 내용들을 배우고 3, 4학년 때는 기본적인 수학 개념(분수와 소수, 여러 가지 도형)들이 등장합니다. 원리나 과정을 잘 이해한다면 어렵지 않게 어느 정도 수준까지 충분히 따라올 수 있는 내용들입니다. 분수로 예를 들면, 분수의 기본적인 개념과 여러 가지의 분수, 분수의 사칙연산 중 가장 기본인 덧셈과 뺄셈에 대하여 공부합니다. 그러나 5, 6학년에서는 분수의 곱셈과 나눗셈과 같은 복잡한 계산을 하며 삼각형, 사각형의 둘레와 넓이, 부피를 구할 때도 분수가 등장합니다. 원의 넓이, 비와 비율, 백분율과 같이 말로만 들어도 머리가 지끈거리는 내용에서도 분수가 등장합니다. 한마디로 3, 4학년 때 기본적인 내용을 다뤘다면 5, 6학년 때는 응용과 심화를 다룹니다.

자신감이 없으면 수학은 더욱 어려워집니다. 다른 영역과 혼합되어 분수의 계산이 더욱 복잡해지는 5, 6학년 시기, 저와 함께 정확하게 이해하고 넘어가시기 바랍니다.

분수는 어렵기 때문에 3학년부터 6학년까지 조금씩 수준을 높여가면서 배웁니다.

기초 개념과 원리부터 정확하게 이해하고 많은 계산 연습을 해야만 실력이 향상됩니다.

학년	학기	단원명	학습내용
3학년	1학기	분수와 소수	• 생활 속 분수 알기 • 분수, 단위분수 알기 • 단위분수의 크기 알기
	2학기	분수	• 전체의 부분을 분수로 나타내기 • 가분수와 대분수 알아보기 • (분모가 같은) 분수의 크기 비교
4학년	1학기	×	
	2학기	분수의 덧셈과 뺄셈	• (분모가 같은) 진분수의 덧셈·뺄셈 • (분모가 같은) 대분수의 덧셈·뺄셈 • (자연수)−(분수) 계산하기
5학년	1학기	약수와 배수 약분과 통분 분수의 덧셈과 뺄셈	• 약수와 배수, 최대공약수와 최소공배수 • 크기가 같은 분수 • 약분과 기약분수, 통분 • (분모가 다른) 분수의 크기 비교 • 다양한 방법으로 분수의 덧셈·뺄셈 계산하기
	2학기	분수의 곱셈	• 분수와 자연수의 곱셈 • 진분수와 진분수의 곱셈 • 세 분수의 곱셈
6학년	1학기	분수의 나눗셈	• (자연수)÷(자연수)의 몫을 분수로 나타내기 • (진분수)÷(자연수), (분수)÷(자연수)
	2학기	분수의 나눗셈	• (분모가 같은) 분수의 나눗셈 • (분모가 다른) 분수의 나눗셈 • (자연수)÷(분수), (가분수)÷(대분수) • 나눗셈을 곱셈으로 바꾸기

5학년 1학기 때 배우는 약수와 배수, 약분과 통분은 아주 중요한 내용입니다.

분수를 다루는데 꼭 필요한 내용이므로 분수와 함께 다룹니다.

이 두 내용은 중학교, 고등학교 수학에서도 아주 많이 사용됩니다.

차례

6학년 1학기 분수편

6학년 2학기 분수편

안쌤과 단계별로 공부하면 '분수가 쉬워요!'

1단계

개념이해 + 바로! 확인문제

수학을 잘하려면 개념을 정확히 알고 기억해야 합니다.

이해가 될 때까지 여러 번 읽으세요. 그다음에 '바로! 확인 문제'를 풀면서 개념을 다시 한번 정확히 이해하세요.

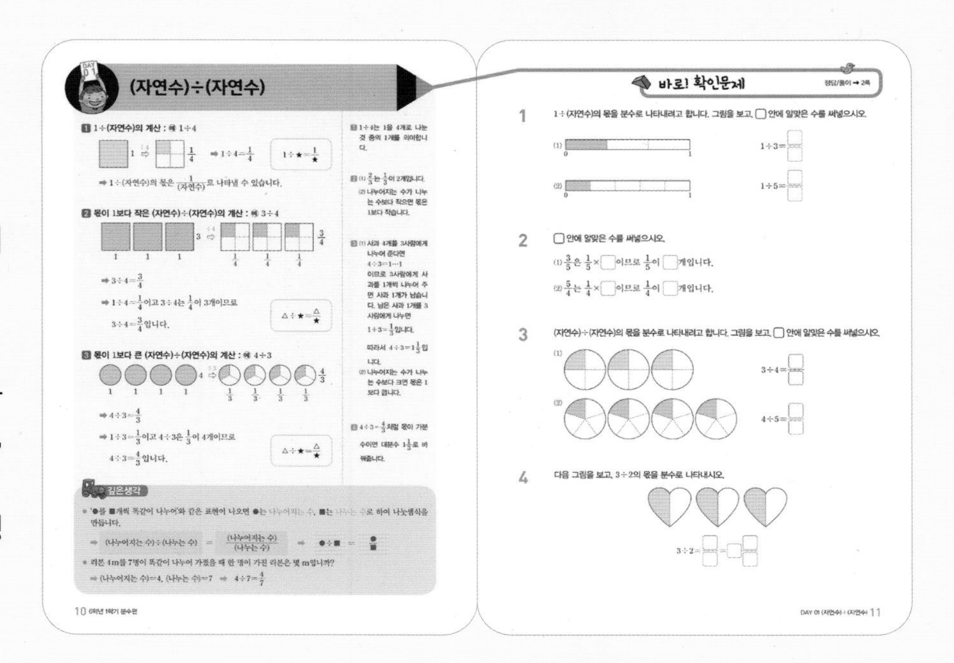

DAY 01 **(자연수)÷(자연수)**

1 1÷(자연수)의 계산 : 예 1÷4

1 ⇨ $\frac{1}{4}$ ➡ $1÷4=\frac{1}{4}$

$1÷★=\frac{1}{★}$

➡ 1÷(자연수)의 몫은 $\frac{1}{(자연수)}$로 나타낼 수 있습니다.

2 몫이 1보다 작은 (자연수)÷(자연수)의 계산 : 예 3÷4

➡ $3÷4=\frac{3}{4}$

➡ $1÷4=\frac{1}{4}$이고 3÷4는 $\frac{1}{4}$이 3개이므로 $3÷4=\frac{3}{4}$입니다.

$△÷★=\frac{△}{★}$

3 몫이 1보다 큰 (자연수)÷(자연수)의 계산 : 예 4÷3

➡ $4÷3=\frac{4}{3}$

➡ $1÷3=\frac{1}{3}$이고 4÷3은 $\frac{1}{3}$이 4개이므로 $4÷3=\frac{4}{3}$입니다.

$△÷★=\frac{△}{★}$

1 1÷4는 1을 4개로 나눈 것 중의 1개를 의미합니다.

2 (1) $\frac{2}{3}$는 $\frac{1}{3}$이 2개입니다.
(2) 나누어지는 수가 나누는 수보다 작으면 몫은 1보다 작습니다.

3 (1) 사과 4개를 3사람에게 나누어 준다면 4÷3=1…1 이므로 3사람에게 사과를 1개씩 나누어 주면 사과 1개가 남습니다. 남은 사과 1개를 3사람에게 나누면 $1÷3=\frac{1}{3}$입니다. 따라서 $4÷3=1\frac{1}{3}$입니다.
(2) 나누어지는 수가 나누는 수보다 크면 몫은 1보다 큽니다.

4 $4÷3=\frac{4}{3}$처럼 몫이 가분수이면 대분수 $1\frac{1}{3}$로 바꿔줍니다.

깊은생각

- '●를 ■개씩 똑같이 나누어'와 같은 표현이 나오면 ●는 나누어지는 수, ■는 나누는 수로 하여 나눗셈식을 만듭니다.

➡ (나누어지는 수)÷(나누는 수) = $\frac{(나누어지는 수)}{(나누는 수)}$ ➡ $●÷■=\frac{●}{■}$

- 리본 4m를 7명이 똑같이 나누어 가졌을 때 한 명이 가진 리본은 몇 m입니까?

➡ (나누어지는 수)=4, (나누는 수)=7 ➡ $4÷7=\frac{4}{7}$

10 6학년 1학기 분수편

바로! 확인문제 정답/풀이 ➡ 2쪽

1 1÷(자연수)의 몫을 분수로 나타내려고 합니다. 그림을 보고, □ 안에 알맞은 수를 써넣으시오.

(1) $1÷3=\frac{□}{□}$

(2) $1÷5=\frac{□}{□}$

2 □ 안에 알맞은 수를 써넣으시오.

(1) $\frac{3}{5}$은 $\frac{1}{5}$×□이므로 $\frac{1}{5}$이 □개입니다.

(2) $\frac{5}{4}$는 $\frac{1}{4}$×□이므로 $\frac{1}{4}$이 □개입니다.

3 (자연수)÷(자연수)의 몫을 분수로 나타내려고 합니다. 그림을 보고, □ 안에 알맞은 수를 써넣으시오.

(1) $3÷4=\frac{□}{□}$

(2) $4÷5=\frac{□}{□}$

4 다음 그림을 보고, 3÷2의 몫을 분수로 나타내시오.

$3÷2=\frac{□}{□}=□\frac{□}{□}$

DAY 01 (자연수)÷(자연수) 11

2단계

기본문제 – 배운 개념 적용하기

개념을 정확히 이해하면 쉽게 풀 수 있는 문제입니다.

문제가 잘 풀리지 않으면 꼭 1단계 개념을 다시 확인하고 와서 푸세요.

틀린 문제는 꼭 체크해 놓고 다시 한번 풀어보세요.

기본문제 배운 개념 적용하기

1 다음 그림을 보고, □ 안에 알맞은 수를 써넣으시오.

(1) $\frac{1}{□}$ (2) $\frac{1}{□}$ (3) $\frac{1}{□}$

2 다음 나눗셈의 몫을 그림에 색칠하여 나타내시오.

(1) 1÷3 (2) 1÷4 (3) 1÷5

3 (자연수)÷(자연수)의 몫을 분수로 나타내려고 합니다. □ 안에 알맞은 수를 써넣으시오.

(1) $1÷6=\frac{□}{□}$ (2) $1÷9=\frac{□}{□}$

(3) $1÷12=\frac{□}{□}$ (4) $1÷15=\frac{□}{□}$

12 6학년 1학기 분수편

정답/풀이 ➡ 2쪽

4 다음 나눗셈의 몫을 그림에 색칠하여 나타내고, □ 안에 알맞은 수를 써넣으시오.

(1) 2÷3 $\frac{□}{3}$

(2) 2÷5 $\frac{□}{□}$

5 (자연수)÷(자연수)의 몫을 분수로 나타내려고 합니다. 보기를 이용하여 □ 안에 알맞은 수를 써넣으시오.

$△÷★=\frac{△}{★}$

(1) $5÷8=\frac{5}{□}$ (2) $3÷7=\frac{□}{7}$

(3) $4÷9=\frac{□}{□}$ (4) $7÷11=\frac{□}{□}$

6 나눗셈의 몫을 가분수와 대분수로 나타내려고 합니다. □ 안에 알맞은 수를 써넣으시오.

(1) $5÷2=\frac{□}{□}=□\frac{□}{□}$ (2) $7÷3=\frac{□}{□}=□\frac{□}{□}$

(3) $9÷4=\frac{□}{□}=□\frac{□}{□}$ (4) $10÷7=\frac{□}{□}=□\frac{□}{□}$

DAY 01 (자연수)÷(자연수) 13

3단계

발전문제 – 배운 개념 응용하기

문제 수준이 좀 더 높아졌어요.

생각하고 또 생각하면 어려운 문제도 풀 수 있는 힘을 기를 수 있습니다.

서술형 문제도 있습니다.

풀이 과정을 꼼꼼히 써보세요.

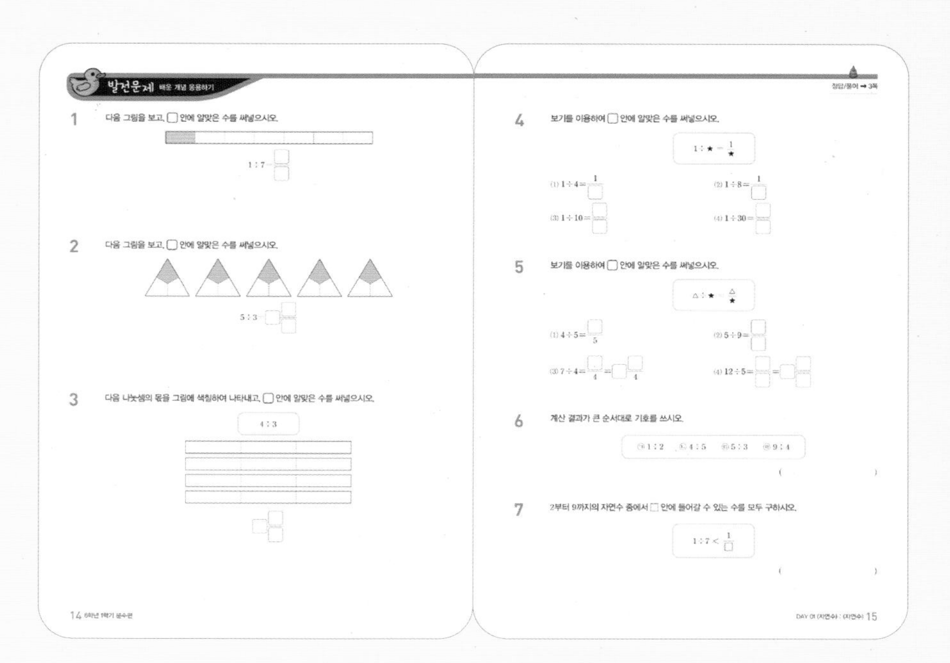

4단계

단원 총정리 – 단원 내용 정리하기

지금까지 배운 내용을 다시 한 번 정리하고 실수 없이 계산을 할 수 있도록 복습 문제를 많이 실었습니다.

안 풀리는 문제가 있다면 1단계로 다시 돌아가 힌트를 얻고 다시 푸세요.

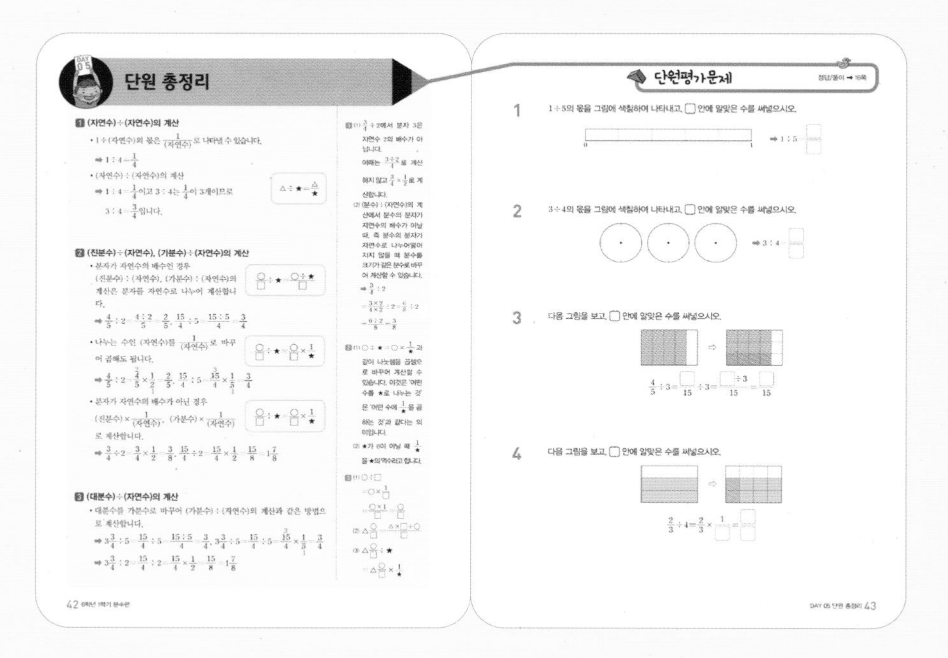

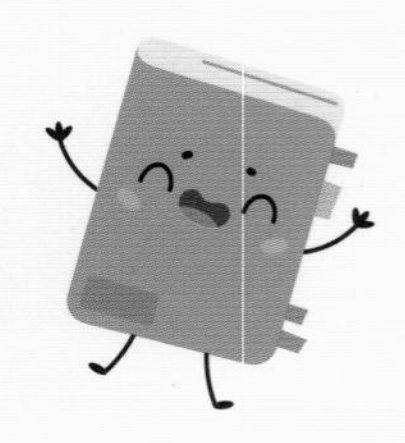

I

6학년 1학기 분수편

DAY 01 (자연수)÷(자연수)

DAY 02 (진분수)÷(자연수)

DAY 03 자연수의 나눗셈을 분수의 곱셈으로 나타내기

DAY 04 (가분수)÷(자연수), (대분수)÷(자연수)

DAY 05 단원 총정리

(자연수)÷(자연수)

1 **1÷(자연수)의 계산 : ㊙ 1÷4**

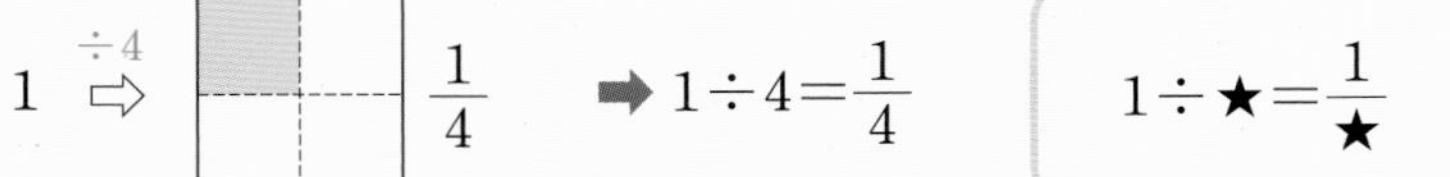

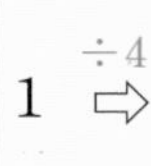
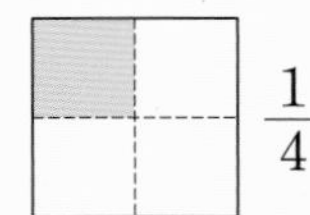
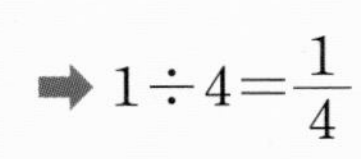

➡ $1\div4=\frac{1}{4}$

$1\div★=\frac{1}{★}$

➡ 1÷(자연수)의 몫은 $\frac{1}{(자연수)}$로 나타낼 수 있습니다.

2 **몫이 1보다 작은 (자연수)÷(자연수)의 계산 : ㊙ 3÷4**

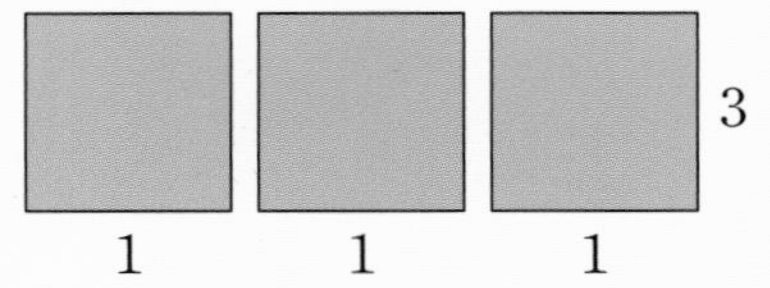
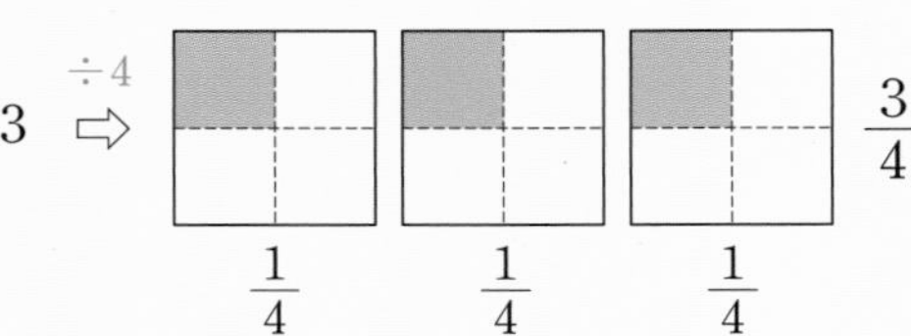

➡ $3\div4=\frac{3}{4}$

➡ $1\div4=\frac{1}{4}$이고 3÷4는 $\frac{1}{4}$이 3개이므로

$3\div4=\frac{3}{4}$입니다.

$△\div★=\frac{△}{★}$

3 **몫이 1보다 큰 (자연수)÷(자연수)의 계산 : ㊙ 4÷3**

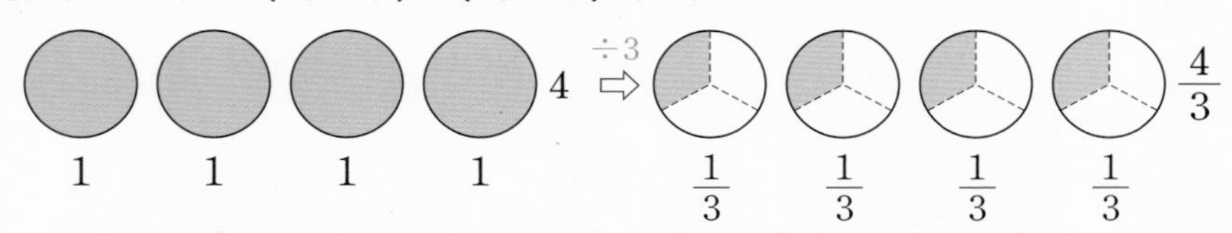

➡ $4\div3=\frac{4}{3}$

➡ $1\div3=\frac{1}{3}$이고 4÷3은 $\frac{1}{3}$이 4개이므로

$4\div3=\frac{4}{3}$입니다.

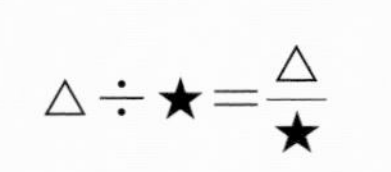

1 1÷4는 1을 4개로 나눈 것 중의 1개를 의미합니다.

2 (1) $\frac{2}{3}$는 $\frac{1}{3}$이 2개입니다.

(2) 나누어지는 수가 나누는 수보다 작으면 몫은 1보다 작습니다.

3 (1) 사과 4개를 3사람에게 나누어 준다면
4÷3=1…1
이므로 3사람에게 사과를 1개씩 나누어 주면 사과 1개가 남습니다. 남은 사과 1개를 3사람에게 나누면
$1\div3=\frac{1}{3}$입니다.
따라서 $4\div3=1\frac{1}{3}$입니다.

(2) 나누어지는 수가 나누는 수보다 크면 몫은 1보다 큽니다.

4 $4\div3=\frac{4}{3}$처럼 몫이 가분수이면 대분수 $1\frac{1}{3}$로 바꿔줍니다.

깊은생각

- '●를 ■개씩 똑같이 나누어'와 같은 표현이 나오면 ●는 나누어지는 수, ■는 나누는 수로 하여 나눗셈식을 만듭니다.

➡ (나누어지는 수)÷(나누는 수) = $\frac{(나누어지는 수)}{(나누는 수)}$ ➡ $●\div■=\frac{●}{■}$

- 리본 4 m를 7명이 똑같이 나누어 가졌을 때 한 명이 가진 리본은 몇 m입니까?

➡ (나누어지는 수)=4, (나누는 수)=7 ➡ $4\div7=\frac{4}{7}$

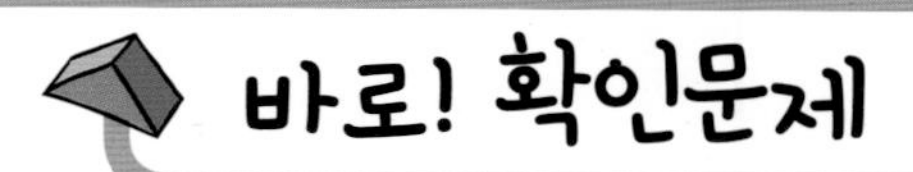

정답/풀이 ➜ 2쪽

1 $1\div$(자연수)의 몫을 분수로 나타내려고 합니다. 그림을 보고, ☐ 안에 알맞은 수를 써넣으시오.

(1) 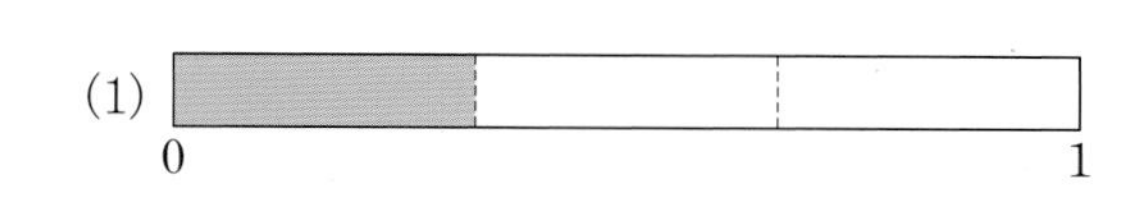

$1\div3=\dfrac{☐}{☐}$

(2) 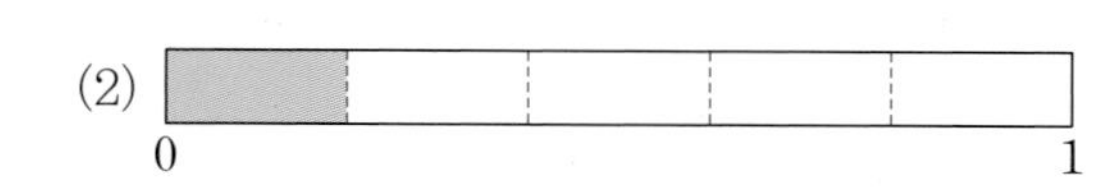

$1\div5=\dfrac{☐}{☐}$

2 ☐ 안에 알맞은 수를 써넣으시오.

(1) $\dfrac{3}{5}$은 $\dfrac{1}{5}\times$☐이므로 $\dfrac{1}{5}$이 ☐개입니다.

(2) $\dfrac{5}{4}$는 $\dfrac{1}{4}\times$☐이므로 $\dfrac{1}{4}$이 ☐개입니다.

3 (자연수)$\div$(자연수)의 몫을 분수로 나타내려고 합니다. 그림을 보고, ☐ 안에 알맞은 수를 써넣으시오.

(1) 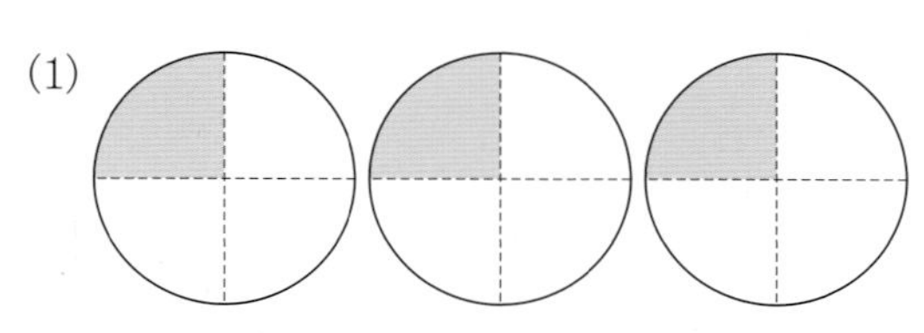

$3\div4=\dfrac{☐}{☐}$

(2) 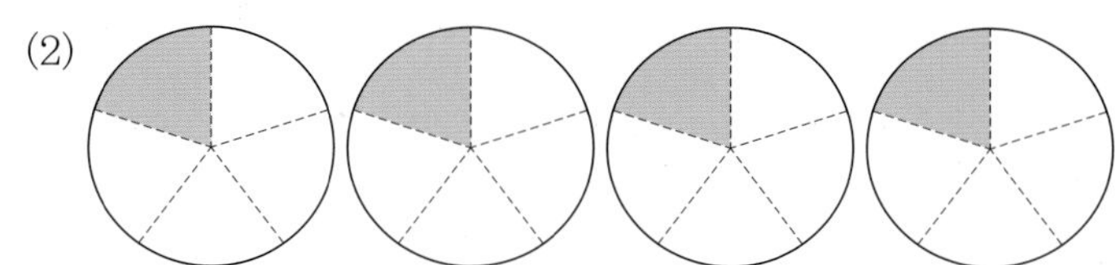

$4\div5=\dfrac{☐}{☐}$

4 다음 그림을 보고, $3\div2$의 몫을 분수로 나타내시오.

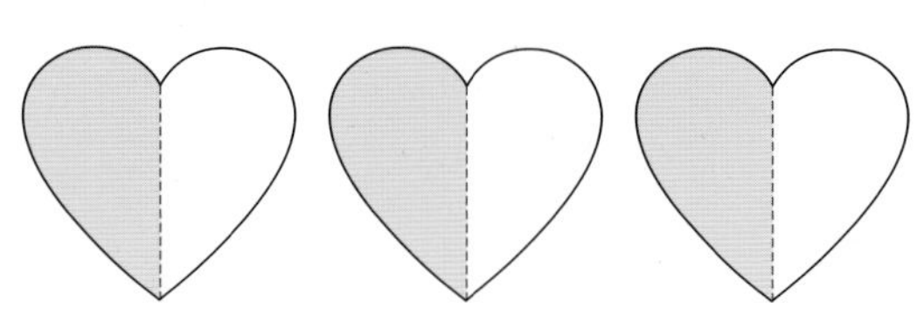

$3\div2=\dfrac{☐}{☐}=☐\dfrac{☐}{☐}$

기본문제 배운 개념 적용하기

1 다음 그림을 보고, □ 안에 알맞은 수를 써넣으시오.

(1)

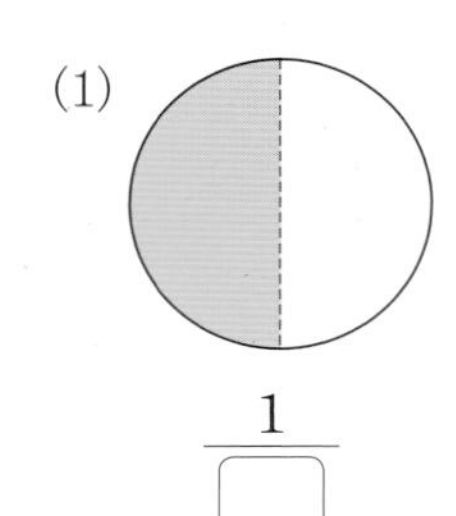

$\frac{1}{\square}$

(2)

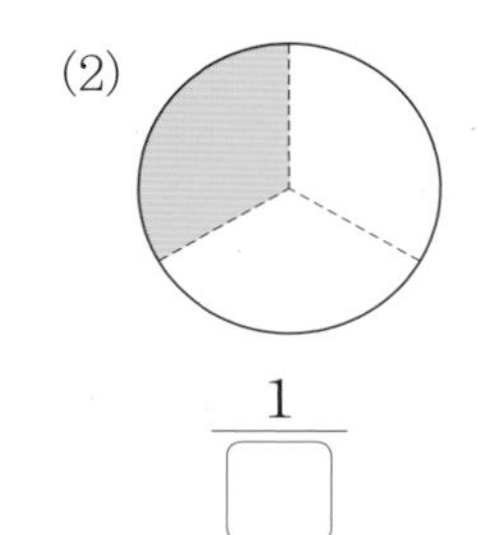

$\frac{1}{\square}$

(3)

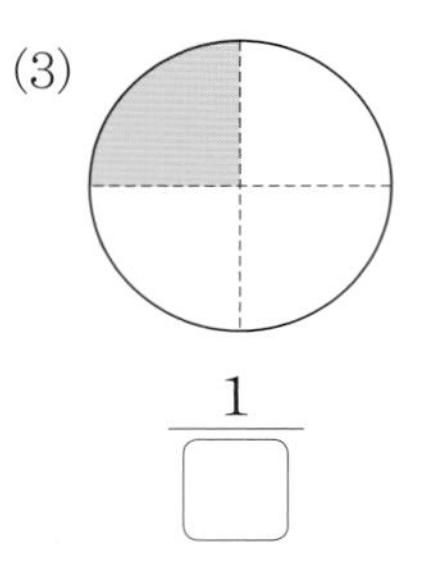

$\frac{1}{\square}$

2 다음 나눗셈의 몫을 그림에 색칠하여 나타내시오.

(1) $1 \div 3$

(2) $1 \div 4$

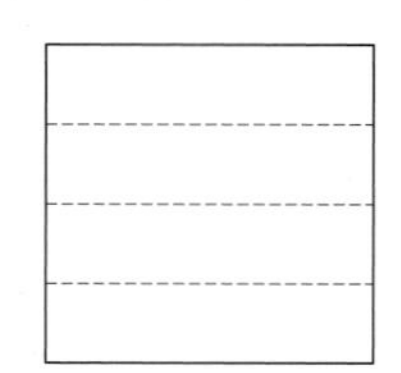

(3) $1 \div 5$

3 (자연수)÷(자연수)의 몫을 분수로 나타내려고 합니다. □ 안에 알맞은 수를 써넣으시오.

(1) $1 \div 6 = \frac{\square}{\square}$

(2) $1 \div 9 = \frac{\square}{\square}$

(3) $1 \div 12 = \frac{\square}{\square}$

(4) $1 \div 15 = \frac{\square}{\square}$

정답/풀이 → 2쪽

4

다음 나눗셈의 몫을 그림에 색칠하여 나타내고, □ 안에 알맞은 수를 써넣으시오.

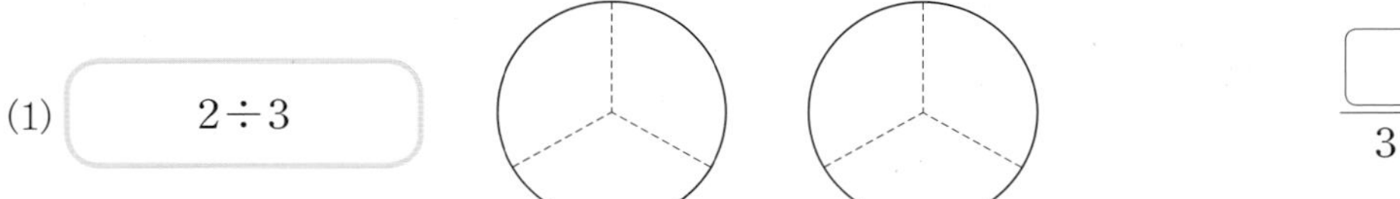

(1) $2 \div 3$ → $\dfrac{\square}{3}$

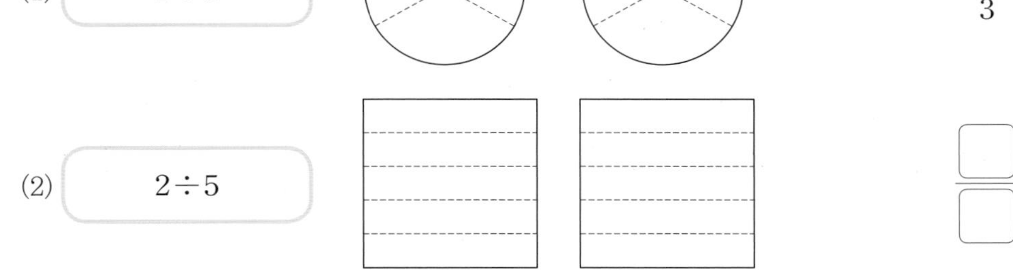

(2) $2 \div 5$ → $\dfrac{\square}{\square}$

5

(자연수)÷(자연수)의 몫을 분수로 나타내려고 합니다. 보기를 이용하여 □ 안에 알맞은 수를 써넣으시오.

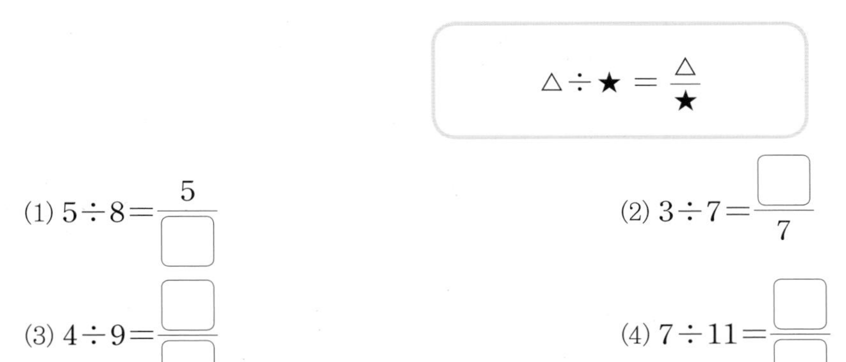

$\triangle \div \bigstar = \dfrac{\triangle}{\bigstar}$

(1) $5 \div 8 = \dfrac{5}{\square}$

(2) $3 \div 7 = \dfrac{\square}{7}$

(3) $4 \div 9 = \dfrac{\square}{\square}$

(4) $7 \div 11 = \dfrac{\square}{\square}$

6

나눗셈의 몫을 가분수와 대분수로 나타내려고 합니다. □ 안에 알맞은 수를 써넣으시오.

(1) $5 \div 2 = \dfrac{\square}{\square} = \square\dfrac{\square}{\square}$

(2) $7 \div 3 = \dfrac{\square}{\square} = \square\dfrac{\square}{\square}$

(3) $9 \div 4 = \dfrac{\square}{\square} = \square\dfrac{\square}{\square}$

(4) $10 \div 7 = \dfrac{\square}{\square} = \square\dfrac{\square}{\square}$

발전문제 배운 개념 응용하기

1 다음 그림을 보고, ☐ 안에 알맞은 수를 써넣으시오.

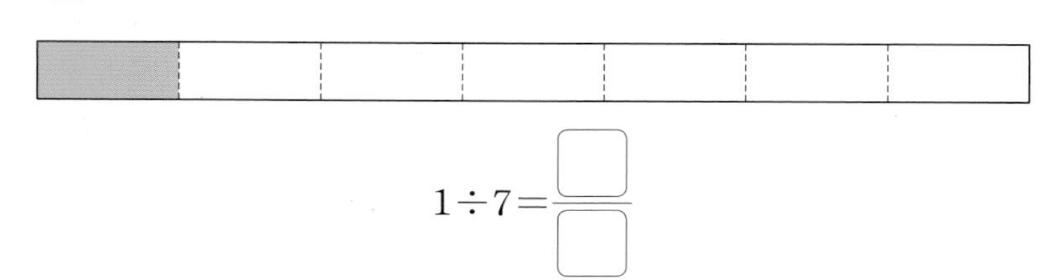

$1 \div 7 = \frac{\square}{\square}$

2 다음 그림을 보고, ☐ 안에 알맞은 수를 써넣으시오.

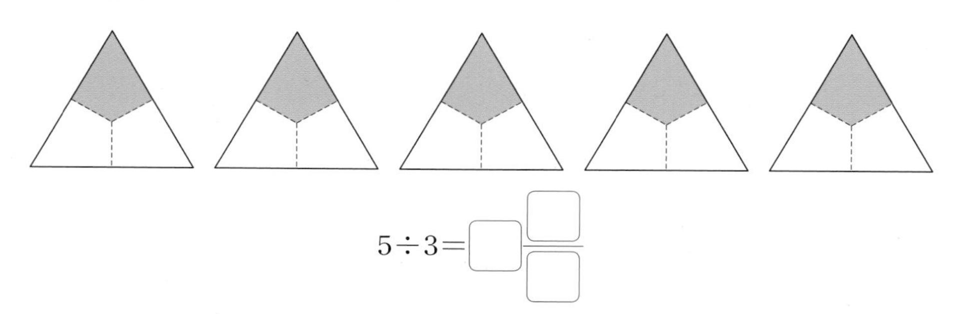

$5 \div 3 = \square \frac{\square}{\square}$

3 다음 나눗셈의 몫을 그림에 색칠하여 나타내고, ☐ 안에 알맞은 수를 써넣으시오.

$4 \div 3$

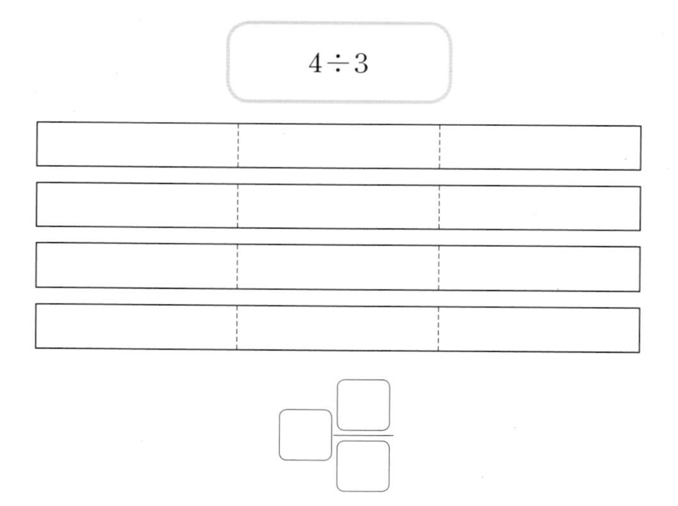

$\square \frac{\square}{\square}$

정답/풀이 ➡ 3쪽

4 보기를 이용하여 □ 안에 알맞은 수를 써넣으시오.

$1 \div ★ = \frac{1}{★}$

(1) $1 \div 4 = \frac{1}{\square}$

(2) $1 \div 8 = \frac{1}{\square}$

(3) $1 \div 10 = \frac{\square}{\square}$

(4) $1 \div 30 = \frac{\square}{\square}$

5 보기를 이용하여 □ 안에 알맞은 수를 써넣으시오.

$△ \div ★ = \frac{△}{★}$

(1) $4 \div 5 = \frac{\square}{5}$

(2) $5 \div 9 = \frac{\square}{\square}$

(3) $7 \div 4 = \frac{\square}{4} = \square\frac{\square}{4}$

(4) $12 \div 5 = \frac{\square}{\square} = \square\frac{\square}{\square}$

6 계산 결과가 큰 순서대로 기호를 쓰시오.

㉠ $1 \div 2$　㉡ $4 \div 5$　㉢ $5 \div 3$　㉣ $9 \div 4$

(　　　　　　　　)

7 2부터 9까지의 자연수 중에서 □ 안에 들어갈 수 있는 수를 모두 구하시오.

$1 \div 7 < \frac{1}{\square}$

(　　　　　　　　)

8 빈칸에 알맞은 수를 써넣으시오.

(→ ÷, ↓ ÷)

4	1	
9	2	

9 다음을 계산하시오.

(1) $1 \div 9$

(2) $4 \div 13$

(3) $11 \div 5$

(4) $23 \div 7$

10 나눗셈의 몫을 비교하여 ◯ 안에 $>$, $=$, $<$ 중에서 알맞은 것을 써넣으시오.

$5 \div 7$ ◯ $5 \div 11$

11 상현이는 밀가루 $4\,\mathrm{kg}$으로 케이크 5개를 만들었습니다. 케이크 한 개를 만드는 데 사용한 밀가루의 양은 몇 kg인지 구하시오.

( ) kg

정답/풀이 ➞ 3쪽

서술형
12 □ 안에 들어갈 수 있는 자연수는 모두 몇 개인지 구하시오.

$$1 \div 5 < \square < 10 \div 3$$

정답 ________ 개

풀이 과정 ________________

____

서술형
13 딸기 13 kg을 바구니 3개에 똑같이 나누어 담으려고 합니다. 한 바구니에 담을 수 있는 딸기의 양은 몇 kg인지 구하시오.

정답 ________ kg

풀이 과정 ________________

____

서술형
14 한 병에 $\frac{2}{5}$L가 들어 있는 사과 주스가 10병 있습니다. 이 주스를 5명이 똑같이 나누어 마실 때, 한 명이 마실 수 있는 사과 주스의 양은 몇 L인지 구하시오.

정답 ________ L

풀이 과정 ________________

____

서술형
15 밑변의 길이가 4 cm이고, 넓이가 7 cm^2인 평행사변형이 있습니다. 이 평행사변형의 높이는 몇 cm인지 구하시오.

7 cm^2

4 cm

정답 ________ cm

풀이 과정 ________________

____

(진분수)÷(자연수)

1 분자가 자연수의 배수인 (진분수)÷(자연수)의 계산

• $\frac{4}{5} \div 2$ → $\frac{4}{5}$를 2등분하라는 뜻입니다.

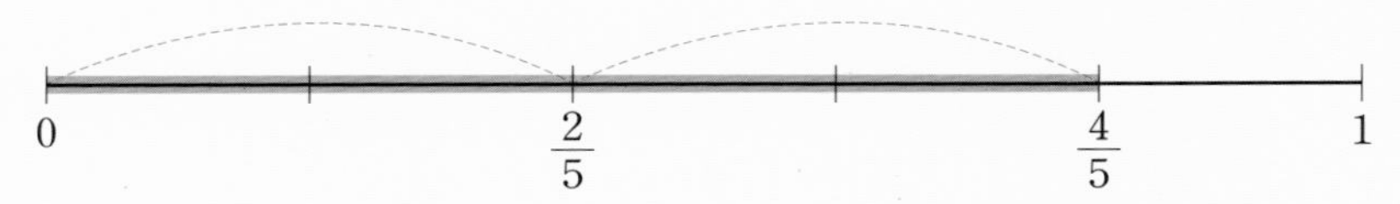

➡ $\frac{4}{5} \div 2 = \frac{2}{5}$

➡ 분수의 분자(4)가 자연수(2)의 배수이므로 $\frac{4}{5} \div 2 = \frac{4 \div 2}{5} = \frac{2}{5}$와 같이 계산합니다.

➡ 분자가 자연수의 배수인 경우 (진분수)÷(자연수)의 계산은 분자를 자연수로 나누어 계산합니다.

$$\frac{○}{□} \div ★ = \frac{○ \div ★}{□}$$

➡ 나누는 수인 (자연수)를 $\frac{1}{(자연수)}$로 바꾸어 곱해도 됩니다.

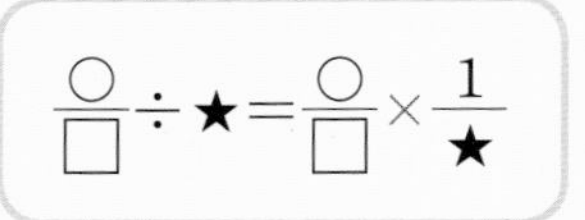

$$\frac{○}{□} \div ★ = \frac{○}{□} \times \frac{1}{★}$$

$\frac{4}{5} \div 2 = \frac{\overset{2}{\cancel{4}}}{5} \times \frac{1}{\underset{1}{\cancel{2}}} = \frac{2 \times 1}{5 \times 1} = \frac{2}{5}$

2 분자가 자연수의 배수가 아닌 (진분수)÷(자연수)의 계산

• $\frac{3}{4} \div 2$ → $\frac{3}{4}$을 2등분하라는 뜻입니다.

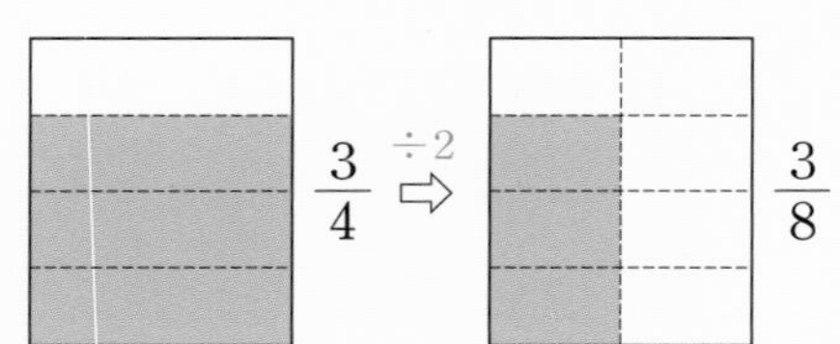

➡ 나누는 수인 (자연수)를 $\frac{1}{(자연수)}$로 바꾸어 곱합니다.

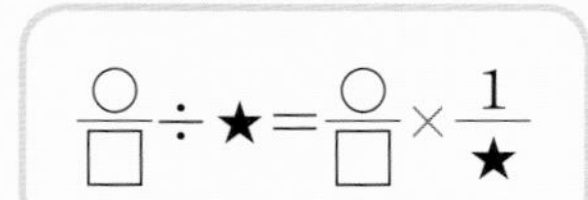

$$\frac{○}{□} \div ★ = \frac{○}{□} \times \frac{1}{★}$$

$\frac{3}{4} \div 2 = \frac{3}{4} \times \frac{1}{2} = \frac{3 \times 1}{4 \times 2} = \frac{3}{8}$

1 (1) $\frac{○}{□} \div ★ = \frac{○ \div ★}{□}$는 (진분수)÷(자연수)의 계산에서 진분수의 분자가 자연수의 배수일 때, 즉 진분수의 분자가 자연수로 나누어떨어질 때 사용합니다.

(2) $\frac{○}{□} \div ★$는 분자 ○를 ★로 나누어 계산합니다. 이때 분모 □를 ★로 나누면 안 됩니다.

2 (1) $\frac{3}{4} \div 2$에서 분자 3은 자연수 2의 배수가 아닙니다.
이때는 $\frac{3 \div 2}{4}$로 계산하지 않고 $\frac{3}{4} \times \frac{1}{2}$로 계산합니다.

(2) (진분수)÷(자연수)의 계산에서 진분수의 분자가 자연수의 배수가 아닐 때, 즉 진분수의 분자가 자연수로 나누어떨어지지 않을 때 진분수를 크기가 같은 분수로 바꾸어 계산할 수 있습니다.

➡ $\frac{3}{4} \div 2$

$= \frac{3 \times 2}{4 \times 2} \div 2 = \frac{6}{8} \div 2$

$= \frac{6 \div 2}{8} = \frac{3}{8}$

깊은생각

• 분자가 자연수의 배수가 아닐 때는 '분모와 분자에 각각 0이 아닌 같은 수를 곱해도 분수의 크기는 변하지 않는다.'를 이용하여 다음과 같이 '진분수를 크기가 같은 분수'로 바꾸어 계산합니다.

$$\frac{○}{□} \div ★ = \frac{○ \times ★}{□ \times ★} \div ★ = \frac{○ \times ★ \div ★}{□ \times ★}$$

바로! 확인문제

정답/풀이 → 4쪽

1 다음 수직선을 보고, □ 안에 알맞은 수를 써넣으시오.

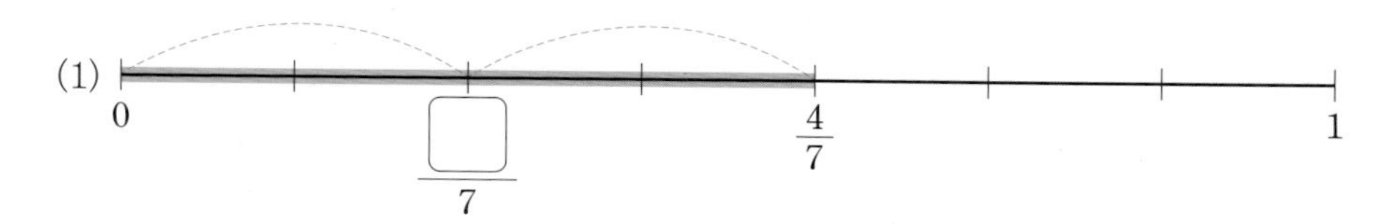

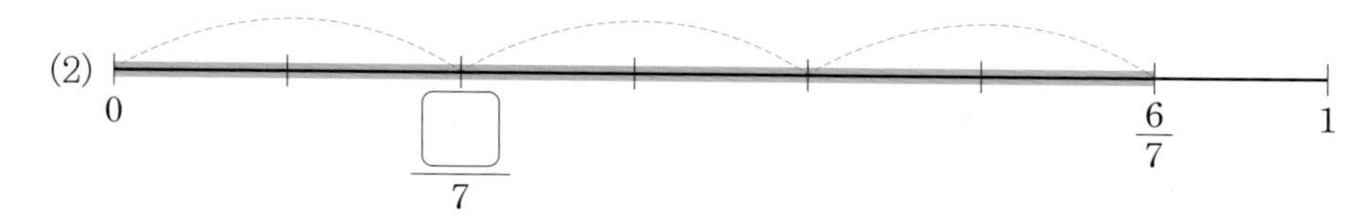

2 $\frac{3}{4} \div 3$을 계산하려고 합니다. □ 안에 알맞은 수를 써넣으시오.

> $\frac{3}{4} \div 3$의 몫은 $\frac{3}{4}$을 □등분한 것 중의 하나입니다.
>
> $\frac{3}{4}$을 □등분한 것 중의 하나는 $\frac{\square}{\square}$입니다.

3 다음 중 옳은 계산에 ○표, 틀린 계산에 ×표 하시오.

$\frac{6}{7} \div 3 = \frac{6}{7 \div 3}$ (　　　)

$\frac{6}{7} \div 3 = \frac{6 \div 3}{7}$ (　　　)

4 □ 안에 알맞은 수를 써넣으시오.

(1) $\frac{4}{5} \div 2 = \frac{4 \div \square}{5}$

(2) $\frac{4}{5} \div 4 = \frac{4 \div \square}{5}$

(3) $\frac{4}{5} \div 3 = \frac{4}{5} \times \frac{1}{\square}$

(4) $\frac{4}{5} \div 6 = \frac{4}{5} \times \frac{1}{\square}$

기본문제 배운 개념 적용하기

1 다음 수직선을 보고, □ 안에 알맞은 수를 써넣으시오.

(1) 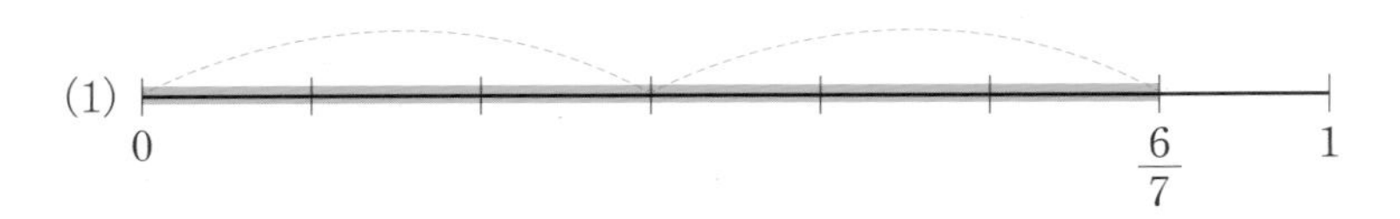

➡ $\frac{6}{7} \div 2 = \frac{\square}{7}$

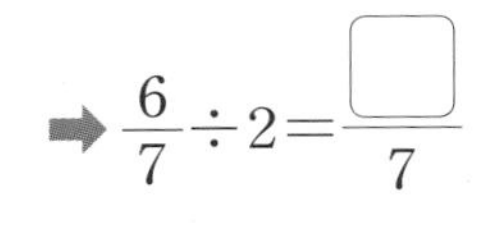

(2) 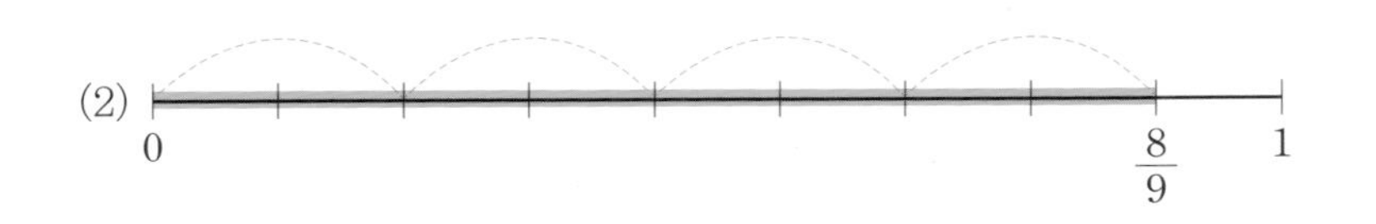

➡ $\frac{8}{9} \div 4 = \frac{\square}{9}$

2 다음 그림을 보고, □ 안에 알맞은 수를 써넣으시오.

(1) ÷ □ =

➡ $\frac{2}{3} \div \square = \frac{\square}{\square}$

(2) ÷ □ =

➡ $\frac{4}{5} \div \square = \frac{\square}{\square}$

3 ○가 ★의 배수일 때, 보기와 같이 계산합니다. □ 안에 알맞은 수를 써넣으시오.

$$\frac{○}{□} \div ★ = \frac{○ \div ★}{□}$$

(1) $\frac{4}{7} \div 2 = \frac{4 \div 2}{7} = \frac{\square}{7}$

(2) $\frac{9}{10} \div 3 = \frac{9 \div \square}{10} = \frac{\square}{10}$

(3) $\frac{8}{11} \div 4 = \frac{\square \div \square}{\square} = \frac{\square}{\square}$

(4) $\frac{12}{13} \div 6 = \frac{\square \div \square}{\square} = \frac{\square}{\square}$

정답/풀이 → 5쪽

4

나눗셈의 몫을 분수로 나타내시오.

(1) $\frac{3}{5} \div 3$

(2) $\frac{6}{7} \div 3$

(3) $\frac{8}{9} \div 2$

(4) $\frac{10}{11} \div 5$

5

보기는 분자가 자연수의 배수가 아닐 때, 나눗셈의 몫을 구하는 방법입니다. 보기를 이용하여 □ 안에 알맞은 수를 써넣으시오.

$$\frac{3}{5} \div 4 = \frac{3\times4}{5\times4} \div 4 = \frac{12}{20} \div 4 = \frac{12\div4}{20} = \frac{3}{20}$$

(1) $\frac{3}{5} \div 2 = \frac{3\times2}{5\times2} \div 2 = \frac{\square}{10} \div 2 = \frac{\square\div2}{10} = \frac{\square}{10}$

(2) $\frac{5}{7} \div 3 = \frac{5\times\square}{7\times3} \div 3 = \frac{\square}{21} \div 3 = \frac{\square\div3}{21} = \frac{\square}{21}$

(3) $\frac{7}{9} \div 4 = \frac{7\times\square}{9\times\square} \div 4 = \frac{\square}{\square} \div 4 = \frac{\square\div4}{\square} = \frac{\square}{\square}$

(4) $\frac{8}{11} \div 5 = \frac{\square\times\square}{\square\times\square} \div 5 = \frac{\square}{\square} \div 5 = \frac{\square\div\square}{\square} = \frac{\square}{\square}$

6

나눗셈의 몫을 분수로 나타내시오.

(1) $\frac{3}{7} \div 2$

(2) $\frac{8}{9} \div 3$

(3) $\frac{9}{10} \div 4$

(4) $\frac{11}{15} \div 5$

발전문제 배운 개념 응용하기

1 다음 그림을 보고, □ 안에 알맞은 수를 써넣으시오.

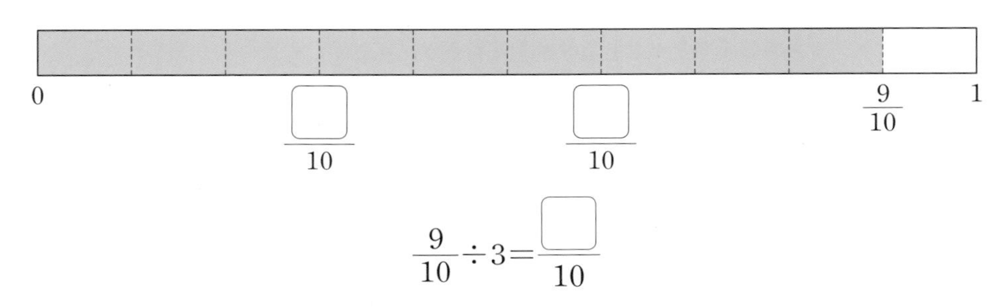

$$\frac{9}{10} \div 3 = \frac{\square}{10}$$

2 다음 그림을 보고, □ 안에 알맞은 수를 써넣으시오.

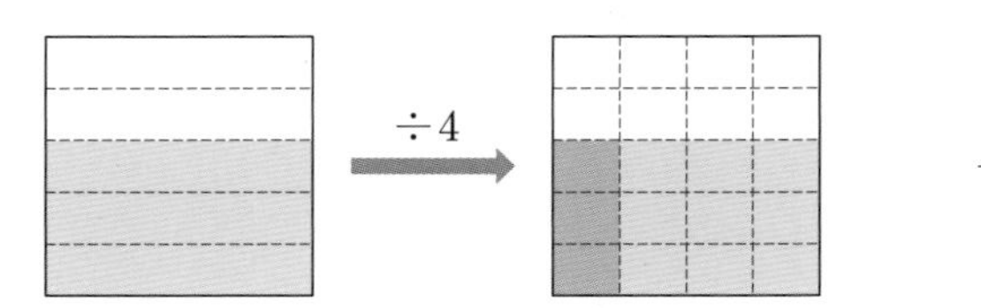

$$\frac{3}{5} \div 4 = \frac{\square}{\square}$$

3 다음 식에서 잘못 계산한 곳을 찾아 바르게 계산하시오.

$$\frac{4}{9} \div 3 = \frac{4}{9 \div 3} = \frac{4}{3}$$

➡ ______________________

4 나눗셈의 몫을 분수로 나타내시오.

(1) $\frac{2}{3} \div 2$

(2) $\frac{9}{10} \div 3$

(3) $\frac{10}{13} \div 5$

(4) $\frac{12}{19} \div 6$

5 ㉠, ㉡. ㉢에 알맞은 수의 합을 구하시오.

$$\frac{6}{7} \div 5 = \frac{6 \times ㉠}{7 \times 5} \div 5 = \frac{㉡}{35} \div 5 = \frac{㉡ \div 5}{35} = \frac{㉢}{35}$$

( )

6 나눗셈의 몫을 분수로 나타내시오.

(1) $\frac{2}{3} \div 3$

(2) $\frac{2}{5} \div 4$

(3) $\frac{5}{7} \div 2$

(4) $\frac{4}{9} \div 5$

7 계산 결과가 가장 큰 몫의 기호를 쓰시오.

㉠ $\frac{3}{7} \div 3$ ㉡ $\frac{4}{7} \div 2$ ㉢ $\frac{6}{7} \div 4$

( )

8 나눗셈의 몫을 비교하여 ◯ 안에 $>$, $=$, $<$ 중에서 알맞은 것을 써넣으시오.

$\frac{4}{5} \div 3$ ◯ $\frac{14}{15} \div 2$

9 빈칸에 알맞은 수를 써넣으시오.

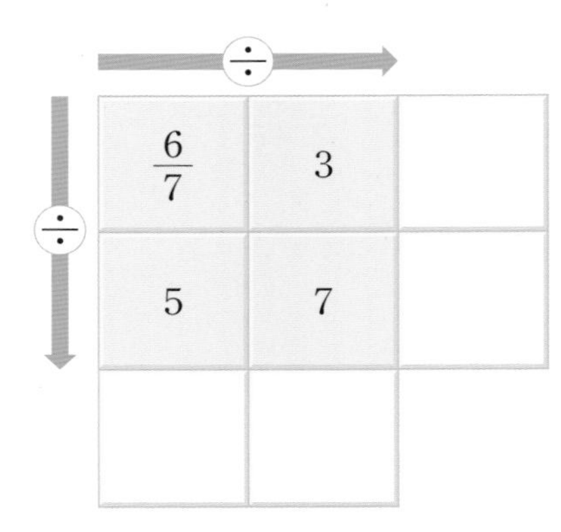

10 네 변의 길이의 합이 $\frac{8}{9}$ cm인 마름모가 있습니다. 이 마름모의 한 변의 길이는 몇 cm인지 구하시오.

( ) cm

11 주스 $\frac{8}{15}$ L를 4명이 똑같이 나누어 마시려고 합니다. 한 명이 마실 수 있는 주스의 양은 몇 L인지 구하시오.

( ) L

12 다음 그림과 같은 정사각형과 정삼각형은 둘레의 길이가 같습니다. 정삼각형의 한 변의 길이는 몇 cm인지 구하시오.

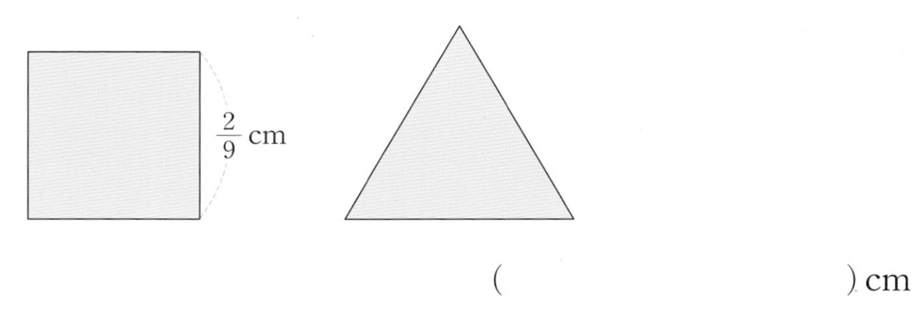

( ) cm

정답/풀이 ➡ 7쪽

서술형
13 3장의 숫자 카드를 모두 사용하여 계산 결과가 가장 작은 나눗셈식 2개를 만들고 계산하시오.

정답

풀이 과정

서술형
14 어떤 분수를 3으로 나누어야 할 것을 잘못하여 3을 곱했더니 $\frac{9}{14}$가 되었습니다. 바르게 계산한 값을 구하시오.

정답

풀이 과정

서술형
15 한 봉지의 무게가 $\frac{2}{11}$ kg인 밀가루 5봉지가 있습니다. 이 밀가루 5봉지를 4개의 양푼에 똑같이 나누어 담는다면 양푼 한 개에 담을 수 있는 밀가루의 양은 몇 kg인지 구하시오.

정답 ______ kg

풀이 과정

자연수의 나눗셈을 분수의 곱셈으로 나타내기

1 (자연수)÷(자연수)를 분수의 곱셈으로 나타내기

• $3\div4$ → 3을 4등분하라는 뜻입니다.

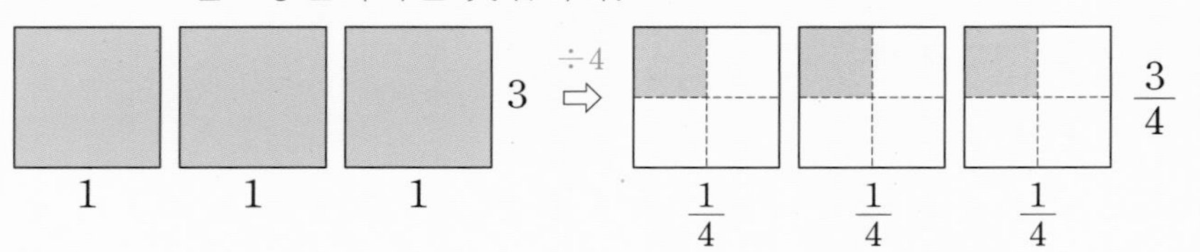

➡ $1\div4=\frac{1}{4}$이고

$3\div4$는 $\frac{1}{4}$이 3개이므로 $3\div4=\frac{3}{4}$입니다.

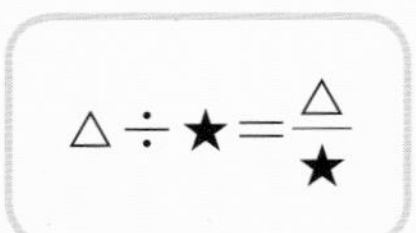

➡ 나누는 수인 (자연수)를 $\frac{1}{(자연수)}$로 바꾸어 곱합니다.

$3\div4=3\times\frac{1}{4}=\frac{3}{4}$

$○\div★=○\times\frac{1}{★}$

2 (진분수)÷(자연수)를 분수의 곱셈으로 나타내기

• $\frac{3}{4}\div2$ → $\frac{3}{4}$을 2등분하라는 뜻입니다.

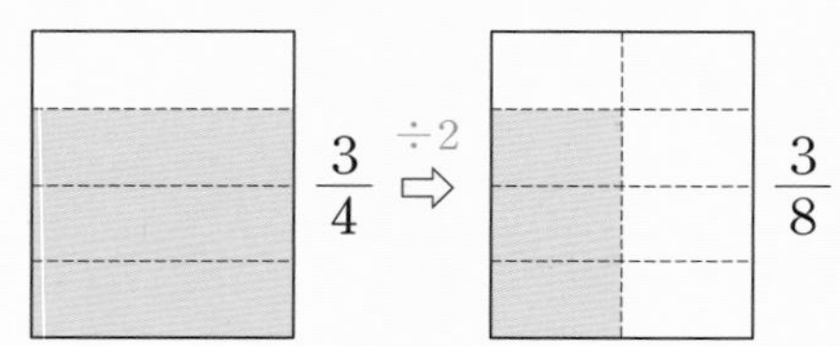

➡ 나누는 수인 (자연수)를 $\frac{1}{(자연수)}$로 바꾸어 곱합니다.

$\frac{3}{4}\div2=\frac{3}{4}\times\frac{1}{2}=\frac{3\times1}{4\times2}=\frac{3}{8}$

$\frac{○}{□}\div★=\frac{○}{□}\times\frac{1}{★}$

1 $○\div★=○\times\frac{1}{★}$
$=\frac{○\times1}{★}$
$=\frac{○}{★}$

2 $\frac{○}{□}\div★=\frac{○}{□}\times\frac{1}{★}$
$=\frac{○\times1}{□\times★}$

깊은생각

- $○\div★=○\times\frac{1}{★}$과 같이 나눗셈을 곱셈으로 바꾸어 계산할 수 있습니다.
  이것은 '어떤 수를 ★로 나누는 것'은 '어떤 수에 $\frac{1}{★}$을 곱하는 것'과 같다는 의미입니다.
- ★가 0이 아닐 때 $\frac{1}{★}$을 ★의 역수라고 합니다.
- ★가 분수일 때 그 역수는 분모와 분자를 바꾼 수입니다. 예를 들어 $\frac{3}{4}$의 역수는 $\frac{4}{3}$입니다.

바로! 확인문제

정답/풀이 ➜ 9쪽

1 다음 그림을 보고, □ 안에 알맞은 수를 써넣으시오.

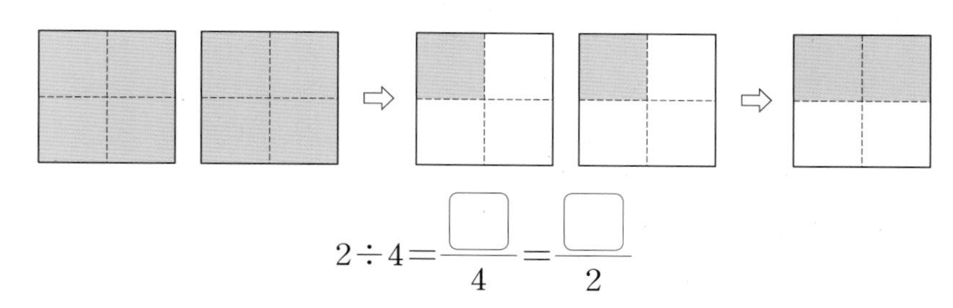

$2\div4=\frac{\square}{4}=\frac{\square}{2}$

2 □ 안에 알맞은 수를 써넣으시오.

(1) $3\div2=3\times\frac{1}{\square}$

(2) $4\div5=4\times\frac{1}{\square}$

(3) $5\div3=5\times\frac{1}{\square}$

(4) $7\div5=7\times\frac{1}{\square}$

3 $\frac{3}{7}\div5$를 계산하려고 합니다. □ 안에 알맞은 수를 써넣으시오.

$\frac{3}{7}\div5$의 몫은 $\frac{3}{7}$을 □등분한 것 중의 하나입니다.

이것을 곱셈식으로 표현하면 $\frac{3}{7}\div5=\frac{3}{7}\times\frac{\square}{5}$입니다.

4 다음 중 옳은 계산에 ○표, 틀린 계산에 ×표 하시오.

$\frac{3}{5}\div4=\frac{3}{5}\times\frac{1}{4}$ (　　　)

$\frac{3}{5}\div4=\frac{3}{5\div4}$ (　　　)

기본문제 배운 개념 적용하기

1 다음 그림을 보고, $\square$ 안에 알맞은 수를 써넣으시오.

(1)

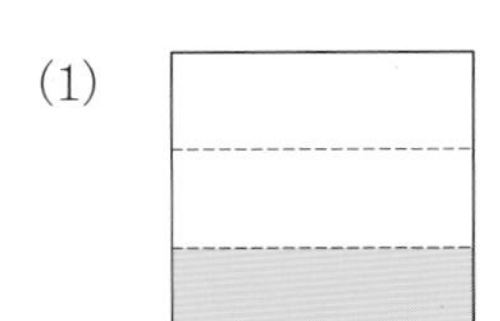

$1 \div 3 = 1 \times \dfrac{1}{\square}$

(2)

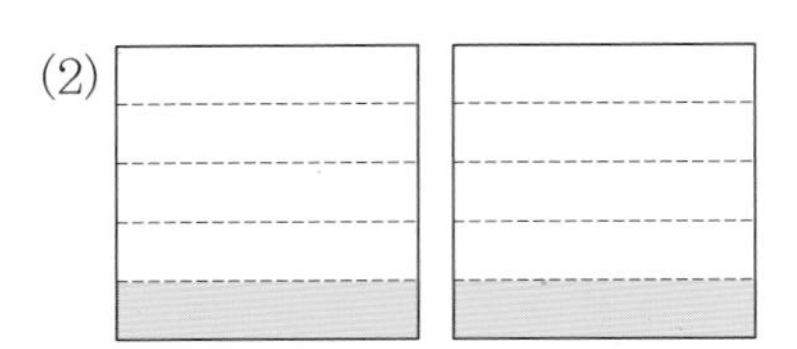

$2 \div 5 = 2 \times \dfrac{1}{\square}$

2 (자연수)÷(자연수)의 계산을 곱셈으로 바꾸어 계산하려고 합니다. $\square$ 안에 알맞은 수를 써넣으시오.

(1) $2 \div 3 = 2 \times \dfrac{1}{\square}$

(2) $4 \div 9 = 4 \times \dfrac{1}{\square}$

(3) $7 \div 4 = 7 \times \dfrac{\square}{\square}$

(4) $10 \div 6 = 10 \times \dfrac{\square}{\square}$

3 다음 그림을 보고, $\square$ 안에 알맞은 수를 써넣으시오.

(1)

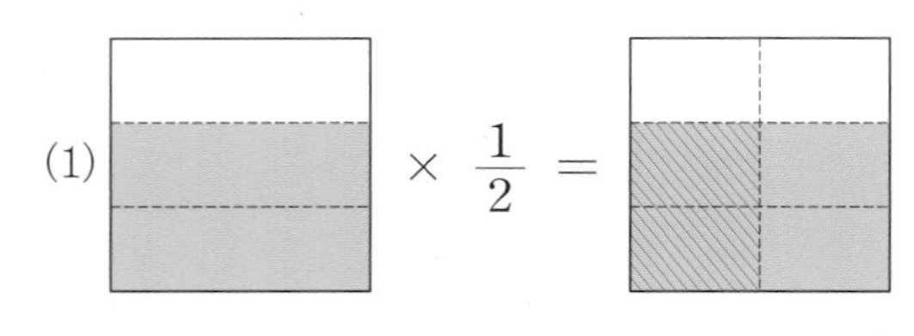

$\times \dfrac{1}{2} =$ ➡ $\dfrac{2}{3} \div \square = \dfrac{\square}{\square}$

(2) $\times \dfrac{1}{3} =$ ➡ $\dfrac{4}{5} \div \square = \dfrac{\square}{\square}$

정답/풀이 → 9쪽

4

□ 안에 알맞은 수를 써넣으시오.

(1) $\frac{3}{4} \div 3 = \frac{3 \div \square}{4}$ ➡ $\frac{3}{4} \div 3 = \frac{3}{4} \times \frac{1}{\square}$

(2) $\frac{6}{7} \div 2 = \frac{6 \div \square}{7}$ ➡ $\frac{6}{7} \div 2 = \frac{6}{7} \times \frac{1}{\square}$

(3) $\frac{8}{9} \div 4 = \frac{8 \div \square}{9}$ ➡ $\frac{8}{9} \div 4 = \frac{8}{9} \times \frac{1}{\square}$

(4) $\frac{10}{11} \div 5 = \frac{10 \div \square}{11}$ ➡ $\frac{10}{11} \div 5 = \frac{10}{11} \times \frac{1}{\square}$

5

보기를 이용하여 나눗셈의 몫을 분수로 나타내시오.

$$\frac{\bigcirc}{\square} \div \bigstar = \frac{\bigcirc}{\square} \times \frac{1}{\bigstar}$$

(1) $\frac{4}{9} \div 2$

(2) $\frac{8}{11} \div 4$

(3) $\frac{7}{9} \div 4$

(4) $\frac{5}{12} \div 2$

6

나눗셈의 몫을 분수로 나타내시오.

(1) $\frac{4}{7} \div 2$

(2) $\frac{9}{13} \div 3$

(3) $\frac{11}{12} \div 2$

(4) $\frac{2}{13} \div 3$

(5) $\frac{6}{13} \div 10$

(6) $\frac{15}{16} \div 10$

발전문제 배운 개념 응용하기

1 다음 그림을 보고, □ 안에 알맞은 수를 써넣으시오.

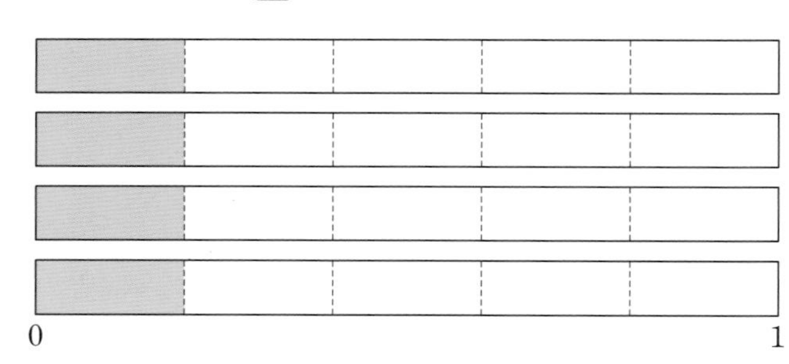

➡ $4 \div 5 = 4 \times \frac{\square}{\square} = \frac{\square}{\square}$

2 나눗셈의 몫을 분수로 옳게 나타낸 것에 ○표, 잘못 나타낸 것에 ×표 하시오.

$3 \div 7 = 3 \times \frac{1}{7}$ ( )

$7 \div 3 = \frac{1}{7} \times 3$ ( )

3 $\frac{4}{5} \div 3$의 몫과 계산 결과가 같은 식의 기호를 모두 쓰시오.

㉠ $\frac{4}{5} \times \frac{1}{3}$ ㉡ $\frac{12 \div 3}{15}$ ㉢ $\frac{8}{10} \div 6$ ㉣ $\frac{8}{10} \times \frac{1}{3}$

( )

4 □ 안에 알맞은 수를 써넣으시오.

- (진분수)÷(자연수)에서 진분수의 분자가 자연수의 배수이면 분자를 □로 나누어 계산합니다.
- (진분수)÷(자연수)=(진분수)× $\frac{1}{(\square)}$ 로 계산합니다.

정답/풀이 ➞ 10쪽

5 다음 2가지 방법으로 나눗셈의 몫을 구하시오.

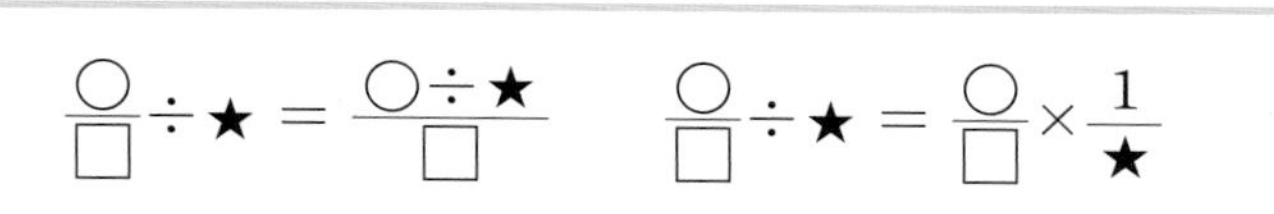

(1) $\frac{12}{13}\div 3$

(2) $\frac{12}{13}\div 4$

(3) $\frac{12}{13}\div 6$

(4) $\frac{12}{13}\div 12$

6 크기가 같은 분수끼리 선을 그어 연결하시오.

$\frac{4}{9}\div 2$ •	• $\frac{1}{9}$
$\frac{4}{9}\div 4$ •	• $\frac{2}{9}$
$\frac{4}{9}\div 6$ •	• $\frac{2}{27}$

7 보기를 이용하여 나눗셈의 몫을 분수로 나타내시오.

$$\frac{○}{□}\div ★ = \frac{○}{□}\times\frac{1}{★}$$

(1) $\frac{6}{7}\div 3$

(2) $\frac{8}{11}\div 12$

(3) $\frac{10}{11}\div 4$

(4) $\frac{16}{17}\div 32$

8 다음을 계산하시오.

(1) $\frac{4}{5}\div 8$

(2) $\frac{6}{7}\div 4$

(3) $\frac{8}{11}\div 4$

(4) $\frac{5}{21}\div 10$

9 빈칸에 알맞은 기약분수를 써넣으시오.

÷ →

$\frac{9}{17}$	3	
$\frac{4}{19}$	6	

10 계산 결과의 크기를 비교하여 ○ 안에 >, =, < 중에서 알맞은 것을 써넣으시오.

$\frac{12}{15} \div 4$ ○ $\frac{10}{25} \div 2$

11 어떤 분수에 6을 곱했더니 $\frac{8}{13}$이 되었습니다. 어떤 분수를 구하시오.

(　　　　　　　　)

12 오렌지 주스 $\frac{5}{7}$ L를 3명이 똑같이 나누어 마셨다면 한 사람이 마신 오렌지 주스의 양은 몇 L인지 구하시오.

(　　　　　　　　) L

정답/풀이 → 11쪽

서술형

13 넓이가 $\frac{2}{17}$ m^{2}인 직사각형을 오른쪽 그림과 같이 4조각으로 똑같이 나누었을 때, 색칠한 부분의 넓이는 몇 m^{2}인지 구하시오.

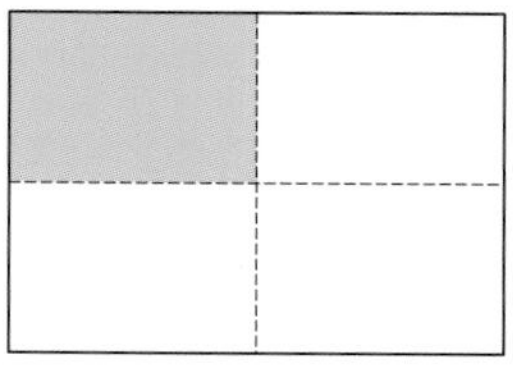

정답 ________ m^2

풀이 과정

서술형

14 □ 안에 들어갈 수 있는 자연수는 모두 몇 개인지 구하시오.

$$\frac{\square}{17} < \frac{14}{17} \div 2$$

정답 ________ 개

풀이 과정

서술형

15 연호는 부모님과 등산을 갔습니다. 어머니와 아버지가 각각 물이 $\frac{3}{10}$ L, $\frac{2}{5}$ L씩 들어 있는 물통을 가져왔습니다. 두 물통에 들어 있는 물을 세 사람이 똑같이 나누어 마시려고 합니다. 이때 한 사람이 마실 수 있는 물의 양은 몇 L인지 구하시오.

정답 ________ L

풀이 과정

(가분수)÷(자연수), (대분수)÷(자연수)

1 (가분수)÷(자연수)의 계산

• 분자가 자연수의 배수인 경우
(가분수)÷(자연수)의 계산은
분자를 자연수로 나누어 계산합니다.

$\frac{○}{□}÷★=\frac{○÷★}{□}$

$\frac{15}{4}÷5=\frac{15÷5}{4}=\frac{3}{4}$

➡ 나누는 수인 (자연수)를 $\frac{1}{(자연수)}$로
바꾸어 곱해도 됩니다.

$\frac{○}{□}÷★=\frac{○}{□}×\frac{1}{★}$

$\frac{15}{4}÷5=\frac{\overset{3}{\cancel{15}}}{4}×\frac{1}{\underset{1}{\cancel{5}}}=\frac{3}{4}$

• 분자가 자연수의 배수가 아닌 경우
(가분수)÷(자연수)의 계산은
(가분수)×$\frac{1}{(자연수)}$로 계산합니다.

$\frac{○}{□}÷★=\frac{○}{□}×\frac{1}{★}$

➡ $\frac{15}{4}÷2=\frac{15}{4}×\frac{1}{2}=\frac{15}{8}=1\frac{7}{8}$

2 (대분수)÷(자연수)의 계산

• 대분수를 가분수로 바꾸어 (가분수)÷(자연수)의 계산과 같은 방법으로 계산합니다.

➡ $3\frac{3}{4}÷5=\frac{15}{4}÷5=\frac{15÷5}{4}=\frac{3}{4}$

$3\frac{3}{4}÷5=\frac{15}{4}÷5=\frac{\overset{3}{\cancel{15}}}{4}×\frac{1}{\underset{1}{\cancel{5}}}=\frac{3}{4}$

➡ $3\frac{3}{4}÷2=\frac{15}{4}÷2=\frac{15}{4}×\frac{1}{2}=\frac{15}{8}=1\frac{7}{8}$

1 $3\frac{1}{2}÷5=\frac{7}{2}÷5$와 같이 (분수)÷(자연수)에서 분수의 분자가 자연수의 배수가 아닐 때, 즉 분수의 분자가 자연수로 나누어 떨어지지 않을 때 분수를 크기가 같은 분수로 바꾸어 계산할 수 있습니다.

➡ $\frac{7}{2}÷5$
$=\frac{7×5}{2×5}÷5=\frac{35}{10}÷5$
$=\frac{35÷5}{10}=\frac{7}{10}$

2 $△\frac{○}{□}÷★$
$=\left(△+\frac{○}{□}\right)÷★$
$=(△÷★)+\left(\frac{○}{□}÷★\right)$
$=\left(△×\frac{1}{★}\right)+\left(\frac{○}{□}×\frac{1}{★}\right)$

➡ $3\frac{3}{4}÷2$
$=\left(3+\frac{3}{4}\right)÷2$
$=(3÷2)+\left(\frac{3}{4}÷2\right)$
$=\left(3×\frac{1}{2}\right)+\left(\frac{3}{4}×\frac{1}{2}\right)$
$=\frac{3}{2}+\frac{3}{8}$
$=\frac{12}{8}+\frac{3}{8}$
$=\frac{15}{8}=1\frac{7}{8}$

깊은생각

• (대분수)÷(자연수)를 계산할 때 $2\frac{4}{5}÷2=2\frac{4÷2}{5}=2\frac{2}{5}$와 같이 (진분수)÷(자연수)만 계산하는 친구들이 있는데 틀린 방법입니다. 옳게 계산하는 방법은 다음과 같이 2가지가 있어요.

(1) 대분수를 가분수로 바꾸어 계산하는 방법 : $2\frac{4}{5}÷2=\frac{14}{5}÷2=\frac{\overset{7}{\cancel{14}}}{5}×\frac{1}{\underset{1}{\cancel{2}}}=\frac{7}{5}=1\frac{2}{5}$

(2) (자연수)÷(자연수)+(진분수)÷(자연수)로 계산하는 방법 :
$2\frac{4}{5}÷2=\left(2+\frac{4}{5}\right)÷2=(2÷2)+\left(\frac{4}{5}÷2\right)=1+\frac{4÷2}{5}=1+\frac{2}{5}=1\frac{2}{5}$

바로! 확인문제

정답/풀이 → 12쪽

1 $\square$ 안에 알맞은 수를 써넣으시오.

(1) $\dfrac{4}{3}\div 4=\dfrac{4\div\square}{3}$

(2) $\dfrac{6}{5}\div 2=\dfrac{6\div\square}{5}$

(3) $\dfrac{9}{7}\div 3=\dfrac{\square}{7}$

(4) $\dfrac{10}{9}\div 5=\dfrac{\square}{9}$

2 $\square$ 안에 알맞은 수를 써넣으시오.

(1) $\dfrac{4}{3}\div 3=\dfrac{4}{3}\times\dfrac{1}{\square}$

(2) $\dfrac{6}{5}\div 5=\dfrac{6}{5}\times\dfrac{1}{\square}$

(3) $\dfrac{9}{7}\div 4=\dfrac{\square}{\square}$

(4) $\dfrac{10}{9}\div 3=\dfrac{\square}{\square}$

3 $\square$ 안에 알맞은 수를 써넣으시오.

(1) $\dfrac{8}{5}\div 4=\dfrac{8\div\square}{5}=\dfrac{\square}{5}$

(2) $\dfrac{8}{5}\div 4=\dfrac{8}{5}\times\dfrac{1}{\square}=\dfrac{\square}{5}$

4 (대분수)÷(자연수)를 2가지 방법으로 계산하려고 합니다. $\square$ 안에 알맞은 수를 써넣으시오.

(1) $2\dfrac{2}{3}\div 4=\dfrac{\square}{3}\div 4=\dfrac{\square\div 4}{3}=\dfrac{\square}{\square}$

(2) $2\dfrac{2}{3}\div 4=\dfrac{\square}{3}\times\dfrac{1}{\square}=\dfrac{\square}{\square}$

기본문제 배운 개념 적용하기

1 다음 그림을 보고, □ 안에 알맞은 수를 써넣으시오.

(1) 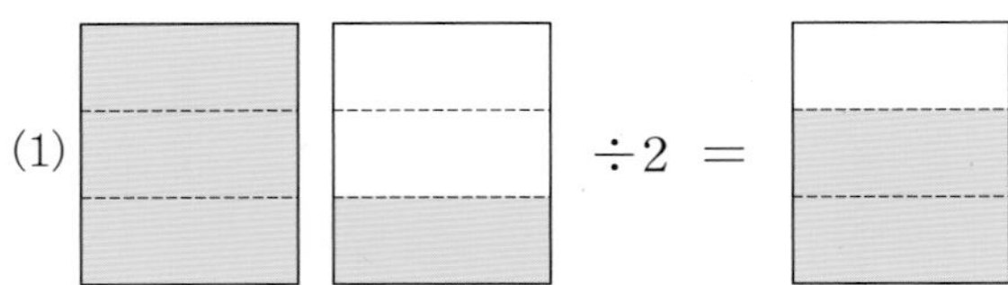

➡ $\frac{4}{3} \div 2 = \frac{\square}{3}$

(2) ÷ 3 =

➡ $\frac{9}{4} \div 3 = \frac{\square}{4}$

2 보기를 이용하여 나눗셈의 몫을 분수로 나타내시오.

$$\frac{\bigcirc}{\square} \div \bigstar = \frac{\bigcirc \div \bigstar}{\square}$$

(1) $\frac{4}{3} \div 2$

(2) $\frac{9}{5} \div 3$

(3) $\frac{12}{7} \div 4$

(4) $\frac{12}{11} \div 3$

3 보기를 이용하여 나눗셈의 몫을 분수로 나타내시오.

$$\frac{\bigcirc}{\square} \div \bigstar = \frac{\bigcirc}{\square} \times \frac{1}{\bigstar}$$

(1) $\frac{8}{3} \div 2$

(2) $\frac{6}{5} \div 3$

(3) $\frac{12}{7} \div 8$

(4) $\frac{21}{11} \div 9$

정답/풀이 → 12쪽

4

대분수를 가분수로 바꾸어 나눗셈을 계산하려고 합니다. ☐ 안에 알맞은 수를 써넣으시오.

(1) $5\frac{1}{3} \div 4 = \frac{\square}{3} \div 4 = \frac{\square \div 4}{3} = \frac{\square}{3}$

(2) $3\frac{3}{4} \div 5 = \frac{\square}{4} \div 5 = \frac{\square \div 5}{4} = \frac{\square}{4}$

(3) $2\frac{2}{7} \div 8 = \frac{\square}{7} \div 8 = \frac{\square \div 8}{7} = \frac{\square}{7}$

5

다음을 계산하시오.

(1) $1\frac{3}{4} \div 7$

(2) $1\frac{4}{5} \div 3$

(3) $4\frac{1}{6} \div 5$

(4) $2\frac{2}{9} \div 5$

6

보기를 이용하여 나눗셈의 몫을 분수로 나타내시오.

$$\triangle\frac{\bigcirc}{\square} \div \bigstar = \triangle\frac{\bigcirc}{\square} \times \frac{1}{\bigstar}$$

(1) $3\frac{1}{5} \div 4 = \frac{\square}{5} \times \frac{1}{\square} = \frac{\square \times 1}{5 \times \square} = \frac{\square}{5}$

(2) $4\frac{3}{8} \div 5 = \frac{\square}{8} \times \frac{1}{\square} = \frac{\square \times 1}{8 \times \square} = \frac{\square}{\square}$

7

다음을 계산하시오.

(1) $2\frac{1}{4} \div 3$

(2) $2\frac{6}{7} \div 5$

(3) $2\frac{5}{8} \div 3$

(4) $3\frac{7}{9} \div 6$

발전문제 배운 개념 응용하기

1 다음 그림을 보고, □ 안에 알맞은 수를 써넣으시오.

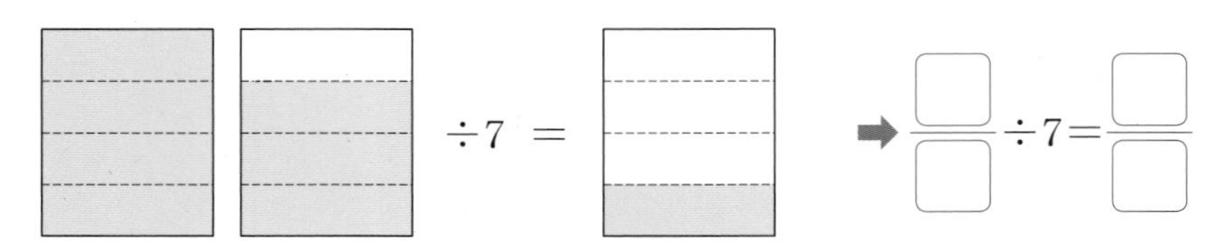

➡ $\frac{\square}{\square} \div 7 = \frac{\square}{\square}$

2 다음 2가지 방법으로 나눗셈의 몫을 구하시오.

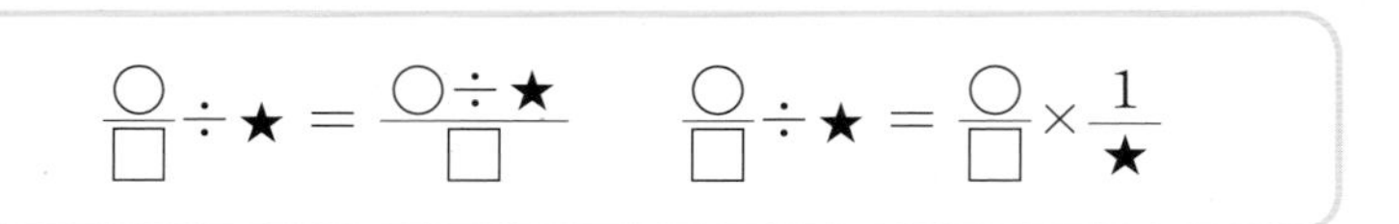

(1) $\frac{3}{2} \div 3$

(2) $\frac{8}{5} \div 2$

(3) $\frac{10}{7} \div 5$

(4) $\frac{15}{4} \div 3$

3 다음을 계산하시오.

(1) $\frac{7}{3} \div 4$

(2) $\frac{10}{7} \div 3$

(3) $\frac{25}{6} \div 10$

(4) $\frac{16}{9} \div 12$

4 다음 그림을 보고, □ 안에 알맞은 수를 써넣으시오.

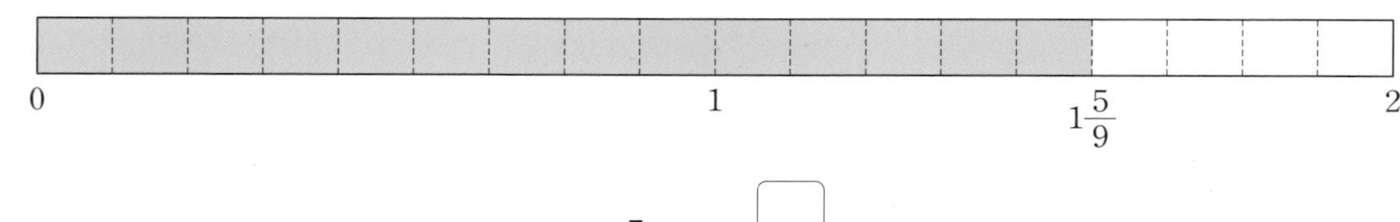

$1\frac{5}{9} \div 2 = \frac{\square}{\square}$

5 피자 $2\frac{4}{5}$판을 4명이 똑같이 나누어 먹으려고 합니다. 한 명이 먹을 수 있는 피자의 양을 구하는 식으로 올바른 것을 찾아 모두 ○표 하시오.

$2\frac{4}{5}\times\frac{1}{4}$　　　$2+\left(\frac{4}{5}\div4\right)$

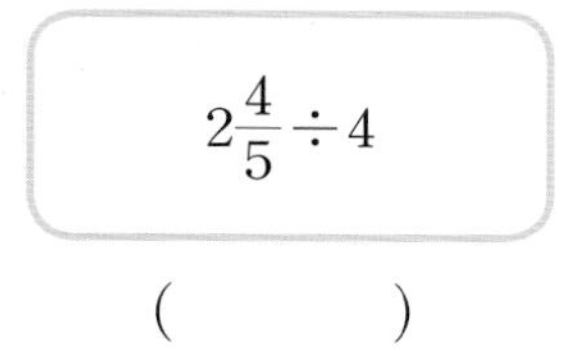

$2\frac{4}{5}\div4$

(　　　)　　(　　　)　　(　　　)

6 2가지 방법으로 나눗셈을 하려고 합니다. □ 안에 알맞은 수를 써넣으시오.

방법1 $2\frac{4}{5}\div2=\frac{\square}{5}\div2=\frac{\square\div2}{5}=\frac{\square}{\square}=\square\frac{\square}{\square}$

방법2 $2\frac{4}{5}\div2=\frac{\square}{5}\div2=\frac{\square}{5}\times\frac{\square}{\square}=\frac{\square}{\square}=\square\frac{\square}{\square}$

7 계산 결과가 같은 분수끼리 선을 그어 연결하시오.

$5\frac{1}{3}\div4$ •　　　　• $5\frac{1}{4}\div7$

$2\frac{1}{4}\div3$ •　　　　• $6\frac{2}{3}\div5$

8 빈칸에 알맞은 수를 써넣으시오.

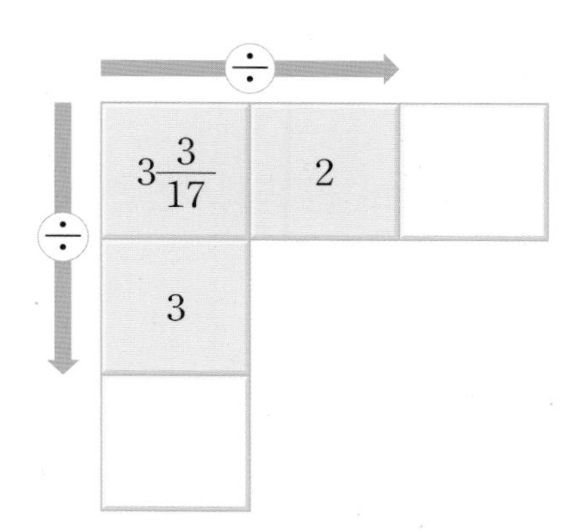

9

나눗셈의 몫의 크기를 비교하여 ◯ 안에 >, =, < 중에서 알맞은 것을 써넣으시오.

(1) $3\frac{6}{7} \div 2$ ◯ $7\frac{1}{7} \div 4$

(2) $7\frac{1}{7} \div 2$ ◯ $9\frac{6}{7} \div 3$

10

□ 안에 들어갈 수 있는 모든 자연수의 합을 구하시오.

$$4\frac{2}{9} \div 2 < \square < \frac{50}{3} \div 4$$

(　　　　　　　　　　)

11

계산이 잘못된 곳을 찾아 바르게 계산하시오.

$$1\frac{3}{8} \div 5 = 1 + \left(\frac{3}{8} \div 5\right) = 1 + \left(\frac{3}{8} \times \frac{1}{5}\right) = 1\frac{3}{40}$$

➡ ______________________________

12

높이가 $5\,\text{cm}$이고 넓이가 $12\frac{1}{2}\,\text{cm}^2$인 평행사변형이 있습니다. 이 평행사변형의 밑변의 길이는 몇 cm인지 구하시오.

(　　　　　　　　　　) cm

정답/풀이 ➞ 14쪽

서술형
13

오른쪽 정삼각형과 둘레가 같은 정오각형의 한 변의 길이는 몇 cm인지 구하시오.

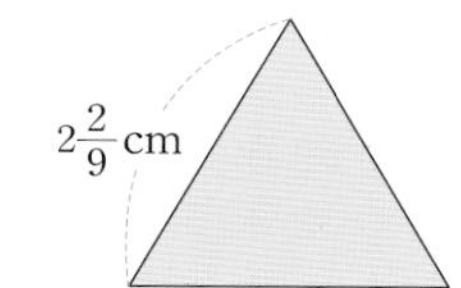

정답 ____________ cm

풀이 과정 ____________

서술형
14

길이가 $7\frac{1}{5}$ m인 길에 나무 5그루를 그림과 같이 같은 간격으로 심으려고 합니다. 나무 사이의 간격을 몇 m로 해야 하는지 구하시오.

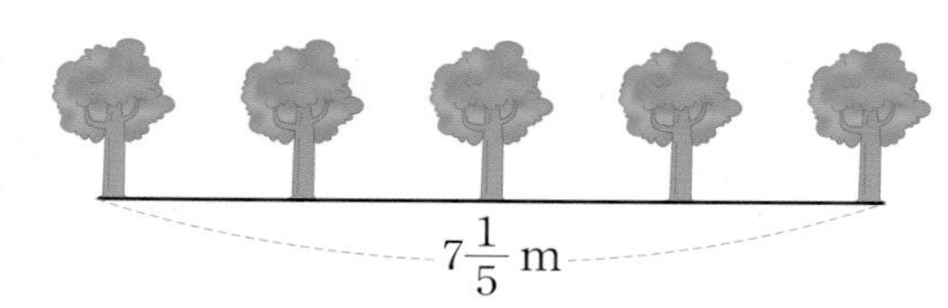

정답 ____________ m

풀이 과정 ____________

서술형
15

한 봉지의 무게가 $4\frac{2}{3}$ kg인 밀가루 4봉지가 있습니다. 이 밀가루 4봉지를 7개의 양푼에 똑같이 나누어 담는다면 양푼 한 개에 담을 수 있는 밀가루의 양은 몇 kg인지 구하시오.

정답 ____________ kg

풀이 과정 ____________

서술형
16

어떤 수를 7로 나누어야 하는데 잘못하여 7을 곱했더니 $13\frac{1}{8}$이 되었습니다. 어떤 수를 7로 나누었을 때의 몫을 구하시오.

정답 ____________

풀이 과정 ____________

단원 총정리

1 (자연수)÷(자연수)의 계산

• 1÷(자연수)의 몫은 $\frac{1}{(자연수)}$로 나타낼 수 있습니다.

➡ $1\div4=\frac{1}{4}$

• (자연수)÷(자연수)의 계산

➡ $1\div4=\frac{1}{4}$이고 $3\div4$는 $\frac{1}{4}$이 3개이므로

$3\div4=\frac{3}{4}$입니다.

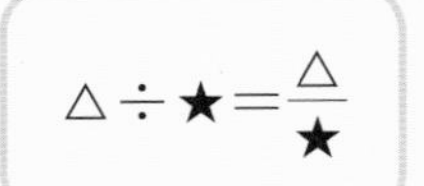

2 (진분수)÷(자연수), (가분수)÷(자연수)의 계산

• 분자가 자연수의 배수인 경우

(진분수)÷(자연수), (가분수)÷(자연수)의 계산은 분자를 자연수로 나누어 계산합니다.

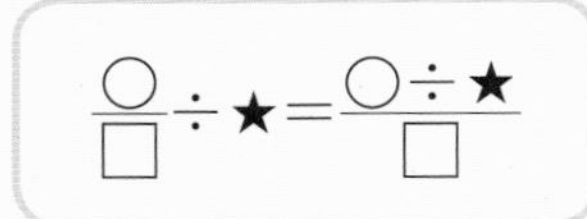

➡ $\frac{4}{5}\div2=\frac{4\div2}{5}=\frac{2}{5}$, $\frac{15}{4}\div5=\frac{15\div5}{4}=\frac{3}{4}$

• 나누는 수인 (자연수)를 $\frac{1}{(자연수)}$로 바꾸어 곱해도 됩니다.

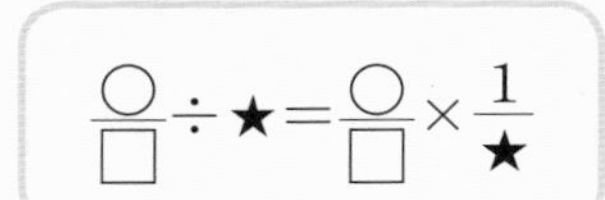

➡ $\frac{4}{5}\div2=\frac{\overset{2}{\cancel{4}}}{5}\times\frac{1}{\underset{1}{\cancel{2}}}=\frac{2}{5}$, $\frac{15}{4}\div5=\frac{\overset{3}{\cancel{15}}}{4}\times\frac{1}{\underset{1}{\cancel{5}}}=\frac{3}{4}$

• 분자가 자연수의 배수가 아닌 경우

(진분수)×$\frac{1}{(자연수)}$, (가분수)×$\frac{1}{(자연수)}$로 계산합니다.

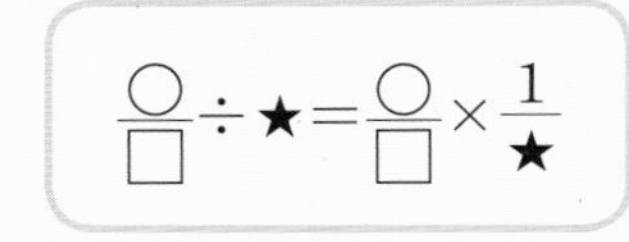

➡ $\frac{3}{4}\div2=\frac{3}{4}\times\frac{1}{2}=\frac{3}{8}$, $\frac{15}{4}\div2=\frac{15}{4}\times\frac{1}{2}=\frac{15}{8}=1\frac{7}{8}$

3 (대분수)÷(자연수)의 계산

• 대분수를 가분수로 바꾸어 (가분수)÷(자연수)의 계산과 같은 방법으로 계산합니다.

➡ $3\frac{3}{4}\div5=\frac{15}{4}\div5=\frac{15\div5}{4}=\frac{3}{4}$, $3\frac{3}{4}\div5=\frac{15}{4}\div5=\frac{\overset{3}{\cancel{15}}}{4}\times\frac{1}{\underset{1}{\cancel{5}}}=\frac{3}{4}$

➡ $3\frac{3}{4}\div2=\frac{15}{4}\div2=\frac{15}{4}\times\frac{1}{2}=\frac{15}{8}=1\frac{7}{8}$

---

1 (1) $\frac{3}{4}\div2$에서 분자 3은 자연수 2의 배수가 아닙니다.

이때는 $\frac{3\div2}{4}$로 계산하지 않고 $\frac{3}{4}\times\frac{1}{2}$로 계산합니다.

(2) (분수)÷(자연수)의 계산에서 분수의 분자가 자연수의 배수가 아닐 때, 즉 분수의 분자가 자연수로 나누어떨어지지 않을 때 분수를 크기가 같은 분수로 바꾸어 계산할 수 있습니다.

➡ $\frac{3}{4}\div2$

$=\frac{3\times2}{4\times2}\div2=\frac{6}{8}\div2$

$=\frac{6\div2}{8}=\frac{3}{8}$

2 (1) ○÷★=○×$\frac{1}{★}$과 같이 나눗셈을 곱셈으로 바꾸어 계산할 수 있습니다. 이것은 '어떤 수를 ★로 나누는 것'은 '어떤 수에 $\frac{1}{★}$을 곱하는 것'과 같다는 의미입니다.

(2) ★가 0이 아닐 때 $\frac{1}{★}$을 ★의 역수라고 합니다.

3 (1) ○÷□

$=○\times\frac{1}{□}$

$=\frac{○\times1}{□}=\frac{○}{□}$

(2) $△\frac{○}{□}=\frac{△\times□+○}{□}$

(3) $△\frac{○}{□}\div★$

$=△\frac{○}{□}\times\frac{1}{★}$

단원평가문제

정답/풀이 → 16쪽

1 $1\div5$의 몫을 그림에 색칠하여 나타내고, □ 안에 알맞은 수를 써넣으시오.

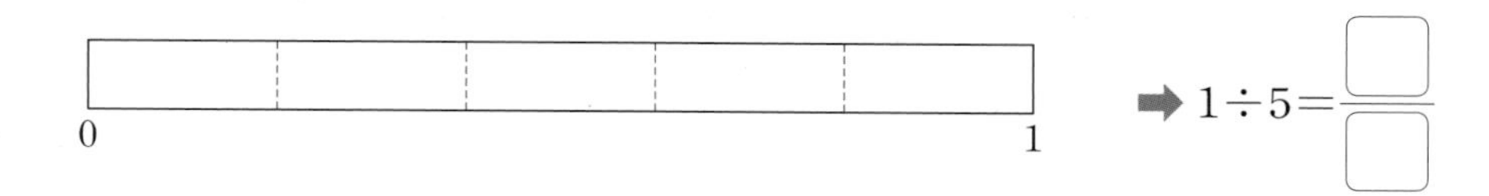

➡ $1\div5=\dfrac{\square}{\square}$

2 $3\div4$의 몫을 그림에 색칠하여 나타내고, □ 안에 알맞은 수를 써넣으시오.

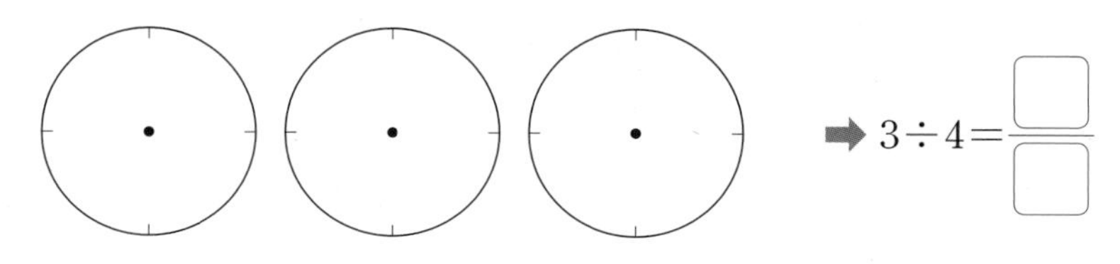

➡ $3\div4=\dfrac{\square}{\square}$

3 다음 그림을 보고, □ 안에 알맞은 수를 써넣으시오.

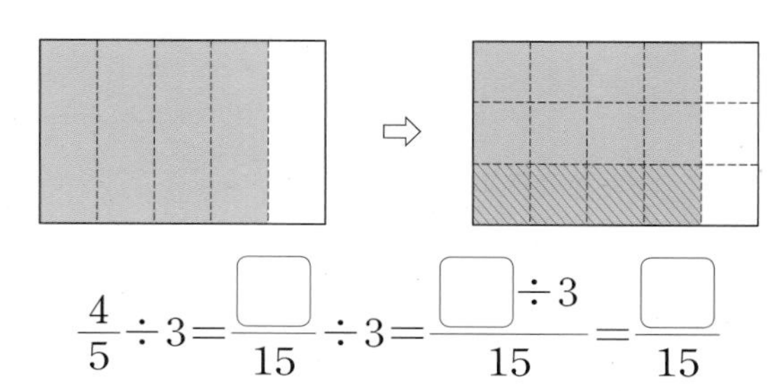

$$\frac{4}{5}\div3=\frac{\square}{15}\div3=\frac{\square\div3}{15}=\frac{\square}{15}$$

4 다음 그림을 보고, □ 안에 알맞은 수를 써넣으시오.

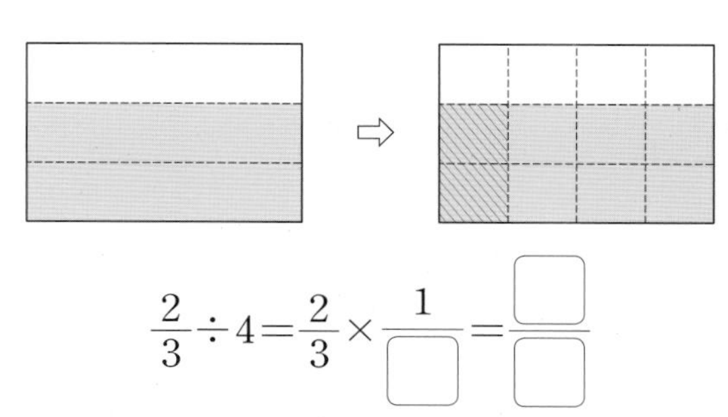

$$\frac{2}{3}\div4=\frac{2}{3}\times\frac{1}{\square}=\frac{\square}{\square}$$

5 2부터 9까지의 자연수 중에서 □ 안에 들어갈 수 있는 자연수를 모두 쓰시오.

$$1 \div 5 < \frac{1}{\square}$$

(　　　　　　　　　　)

6 다음 중 계산 결과가 가장 작은 식을 찾아 기호를 쓰시오.

㉠ $\frac{8}{9} \div 4$　　㉡ $\frac{4}{15} \div 2$

㉢ $\frac{6}{11} \div 3$　　㉣ $\frac{14}{17} \div 7$

(　　　　　　　　　　)

7 □ 안에 들어갈 수 있는 가장 작은 자연수를 구하시오.

$$21 \div 4 < 5\frac{\square}{3}$$

(　　　　　　　　　　)

8 다음 중 $\frac{6}{7} \div 3$의 몫과 관계없는 식을 찾아 기호를 쓰시오.

㉠ $\frac{6}{7 \div 3}$　　㉡ $\frac{6 \div 3}{7}$　　㉢ $\frac{6}{7} \times \frac{1}{3}$

(　　　　　　　　　　)

9 나눗셈의 몫이 같은 것끼리 선을 그어 연결하시오.

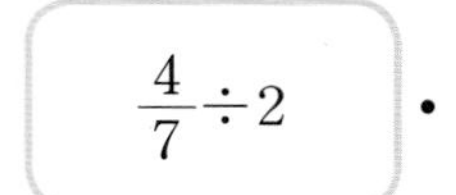

$\frac{4}{7} \div 2$ •	• $\frac{6}{7} \div 18$
$\frac{3}{7} \div 4$ •	• $\frac{6}{7} \div 8$
$\frac{2}{7} \div 6$ •	• $\frac{8}{7} \div 4$

10 $\frac{8}{13} \div 4$를 3가지 방법으로 계산하려고 합니다. □ 안에 알맞은 수를 써넣으시오.

방법1 $\frac{8}{13} \div 4 = \frac{8 \div \square}{13} = \frac{\square}{13}$

방법2 $\frac{8}{13} \div 4 = \frac{8}{13} \times \frac{1}{\square} = \frac{\square}{13}$

방법3 $\frac{8}{13} \div 4 = \frac{8 \times \square}{13 \times \square} \div 4 = \frac{32 \div \square}{52} = \frac{\square}{52} = \frac{\square}{13}$

11 ㉠+㉡의 값을 기약분수로 나타내시오.

$\frac{5}{7} \div 3 =$ ㉠ $\quad \frac{2}{3} \div 2 =$ ㉡

( )

12 $\frac{16}{9} \div 8$의 몫을 2가지 방법으로 구하시오.

방법1 ______________________

방법2 ______________________

13 어떤 분수를 4로 나누어야 할 것을 잘못하여 4를 곱했더니 $\frac{11}{9}$이 되었습니다. 어떤 분수를 구하시오.

( )

14 계산이 잘못된 부분을 찾아 바르게 계산하시오.

$$4\frac{12}{13} \div 2 = (4 \div 2) + \frac{12}{13} = 2\frac{12}{13}$$

➡ ____________________

15 □ 안에 들어갈 수 있는 자연수 중에서 가장 큰 수를 구하시오.

$$\frac{\square}{7} < 4\frac{1}{7} \div 2$$

( )

16 빈칸에 알맞은 기약분수를 써넣으시오.

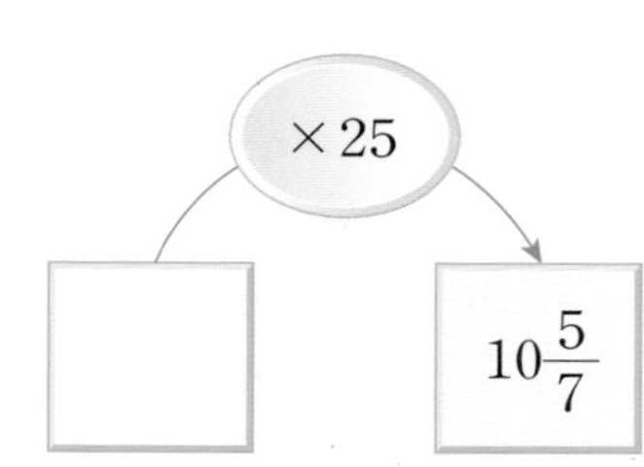

17 빈칸에 알맞은 수를 써넣으시오.

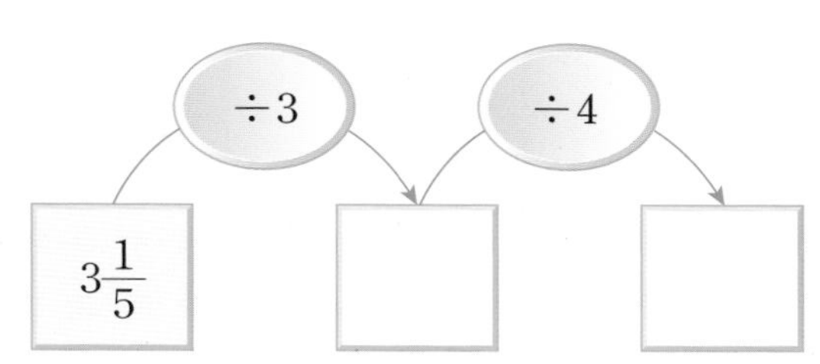

18 ㉠+㉡의 값을 구하시오.

$$\frac{63}{8} \div 9 = \frac{㉠}{8} \qquad 10\frac{2}{7} \div 8 = 1\frac{㉡}{7}$$

(　　　　　　　　　)

19 수 카드 3장을 모두 사용하여 계산 결과가 가장 작은 (진분수)÷(자연수)를 만들어 몫을 구하시오.

(　　　　　　　　　)

20 수 카드 5장 중에서 2장을 골라 가장 큰 분수를 만들고 나머지 수 카드 3장 중에서 1장에 적힌 수로 나누었을 때 계산 결과가 가장 작은 값을 구하시오.

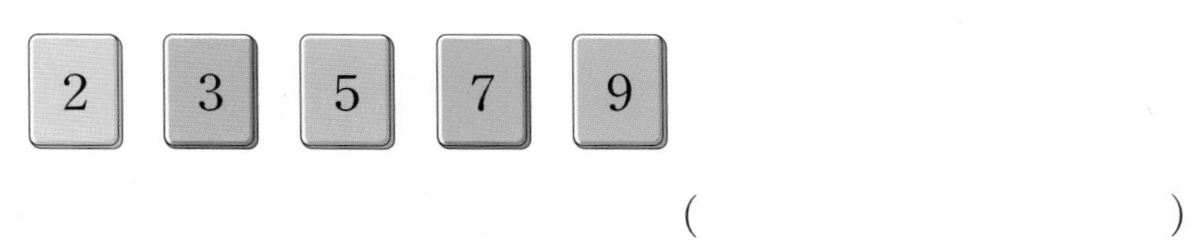

(　　　　　　　　　)

21 주스 $\frac{14}{5}$ L를 일주일 동안 똑같이 나누어 마시려고 합니다. 하루에 마실 수 있는 주스의 양은 몇 L인지 구하시오.

( ) L

22 세로의 길이가 6 cm이고 넓이가 $24\frac{2}{3}$ cm²인 직사각형의 가로의 길이는 몇 cm인지 구하시오.

( ) cm

23 한 변의 길이가 $1\frac{3}{7}$ cm인 정사각형과 둘레가 같은 정오각형을 그리려고 합니다. 정오각형의 한 변의 길이를 몇 cm로 그려야 하는지 구하시오.

( ) cm

24 수직선에서 $\frac{1}{4}$과 $5\frac{3}{8}$ 사이를 5칸으로 똑같이 나누었습니다. ㉠이 나타내는 수는 얼마인지 구하시오.

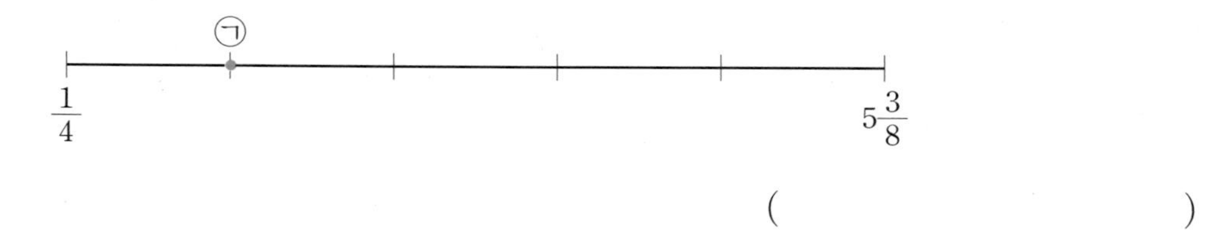

( )

정답/풀이 ➜ 18쪽

서술형

25

일정한 빠르기로 가는 자전거로 8분 동안 $6\frac{4}{9}$ km를 간다면 5분 동안 몇 km를 갈 수 있는지 구하시오.

정답 ____________ km

풀이 과정 ____________

서술형

26

철사 $\frac{16}{3}$ m를 모두 사용하여 크기가 똑같은 정삼각형 모양을 3개 만들었습니다. 만든 정삼각형의 한 변의 길이는 몇 m인지 구하시오.

정답 ____________ m

서술형

27

수직선에서 ㉠과 ㉡ 사이를 5등분했습니다. ㉠은 $3\frac{1}{3}$이고 ㉡은 $4\frac{3}{5}$일 때, ㉢이 가르키는 수를 구하시오.

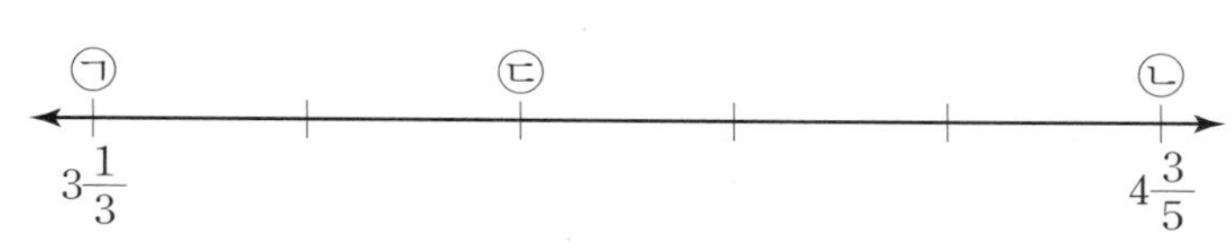

정답 ____________

서술형

28

사다리꼴의 넓이가 $5\frac{7}{8}$ cm^2입니다. 이 사다리꼴의 윗변의 길이는 $2\frac{1}{4}$ cm이고 높이가 4 cm일 때, 아랫변의 길이는 몇 cm인지 구하시오.

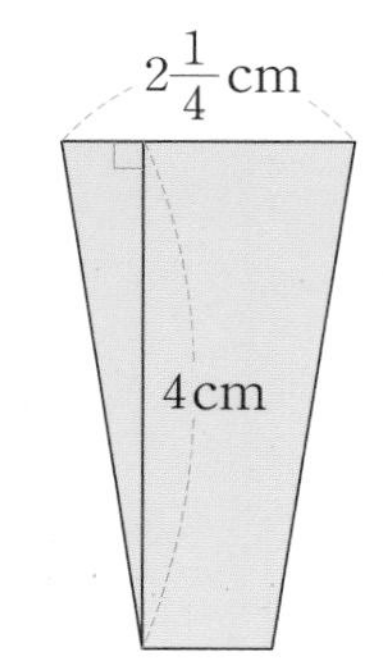

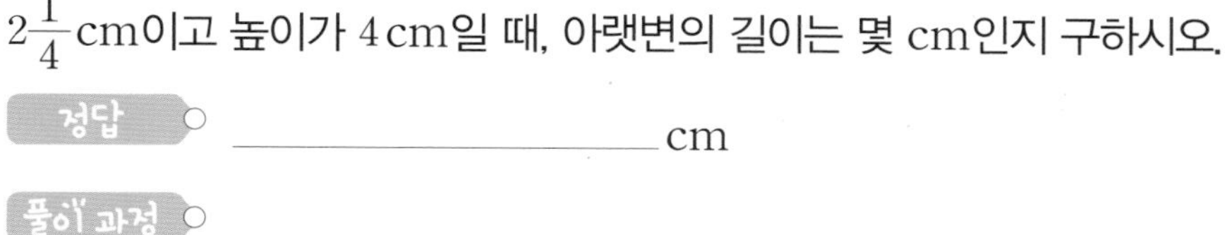

정답 ____________ cm

풀이 과정 ____________

MEMO

II

6학년 2학기 분수편

분모가 같은 (분수)÷(분수)

1 분자끼리 나누어떨어지는 분모가 같은 (분수)÷(분수)의 계산

• $\frac{6}{7} \div \frac{2}{7}$ ← 6은 2로 나누어떨어집니다.

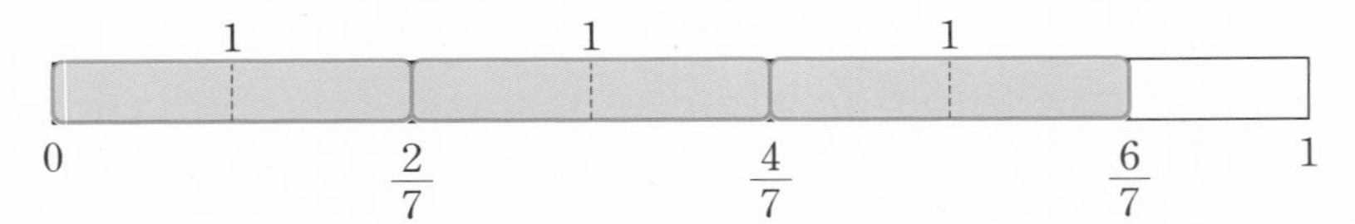

➡ $\frac{6}{7}$은 $\frac{2}{7}$가 3개입니다. → $\frac{6}{7} \div \frac{2}{7} = 3$

➡ $\frac{6}{7}$에서 $\frac{2}{7}$를 3번 덜어낼 수 있습니다. → $\frac{6}{7} - \frac{2}{7} - \frac{2}{7} - \frac{2}{7} = 0$

➡ $\frac{6}{7}$은 $\frac{1}{7}$이 6개이고 $\frac{2}{7}$는 $\frac{1}{7}$이 2개이므로 $\frac{6}{7} \div \frac{2}{7}$는 6을 2로 나누는 것과 같습니다. → $\frac{6}{7} \div \frac{2}{7} = 6 \div 2 = 3$

➡ 분모가 같은 (분수)÷(분수)의 계산은 분자끼리 나누는 것과 같습니다.

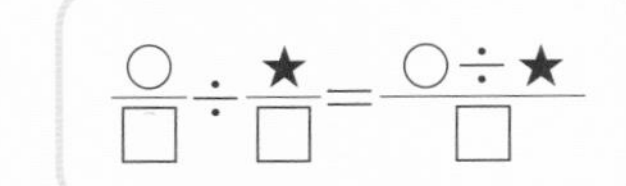

2 분자끼리 나누어떨어지지 않는 분모가 같은 (분수)÷(분수)의 계산

• $\frac{5}{7} \div \frac{2}{7}$ ← 5는 2로 나누어떨어지지 않습니다.

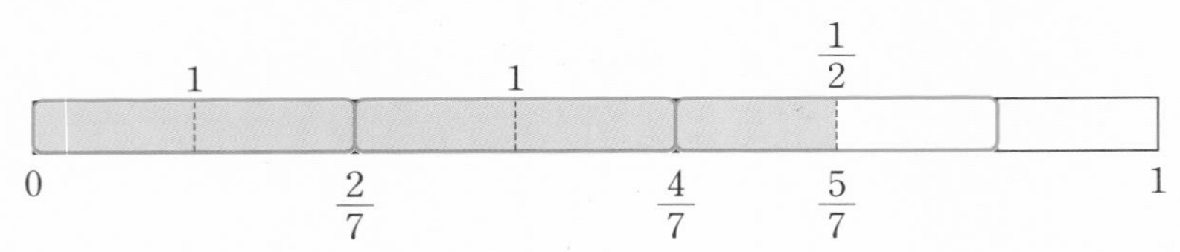

➡ $\frac{5}{7}$는 $\frac{1}{7}$이 5개이고 $\frac{2}{7}$는 $\frac{1}{7}$이 2개이므로 $\frac{5}{7} \div \frac{2}{7}$는 5를 2로 나누는 것과 같습니다. → $\frac{5}{7} \div \frac{2}{7} = 5 \div 2 = \frac{5}{2} = 2\frac{1}{2}$

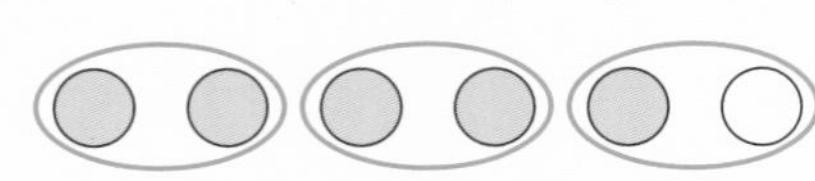

1묶음 1묶음 $\frac{1}{2}$묶음

1 $6 \div 2 = 3$은 6에서 2를 3번 덜어낼 수 있다는 의미입니다. 즉, $6-2-2-2=0$입니다.

2 분모가 같은 (분수)÷(분수)를 계산할 때, 분자끼리 나누어떨어지거나 나누어떨어지지 않은 모든 경우에 다음을 이용하면 됩니다.

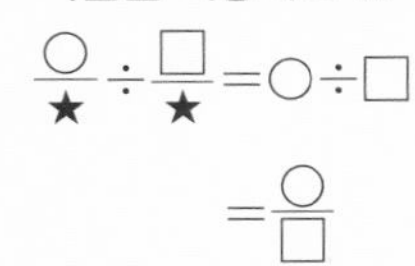

3 5를 2개씩 묶으면 2묶음과 1묶음의 반인 $\frac{1}{2}$묶음이 되므로 $5 \div 2 = 2 + \frac{1}{2} = 2\frac{1}{2}$입니다.

깊은생각

• $\frac{○}{★} \div \frac{□}{★} = \frac{○}{★} \times \frac{★}{□}$과 같이 역수를 이용하면 나눗셈을 곱셈으로 바꾸어 계산할 수 있습니다.

분모와 분자를 바꾼 수를 역수라 하는데 예를 들어 $7\left(=\frac{7}{1}\right)$의 역수는 $\frac{1}{7}$, $\frac{2}{7}$의 역수는 $\frac{7}{2}$입니다.

➡ $\frac{6}{7} \div \frac{2}{7} = \frac{\overset{3}{\cancel{6}}}{\underset{1}{\cancel{7}}} \times \frac{\overset{1}{\cancel{7}}}{\underset{1}{\cancel{2}}} = 3$, $\frac{5}{7} \div \frac{2}{7} = \frac{5}{\underset{1}{\cancel{7}}} \times \frac{\overset{1}{\cancel{7}}}{2} = \frac{5}{2} = 2\frac{1}{2}$

바로! 확인문제

정답/풀이 → 19쪽

1 다음 수직선을 보고, □ 안에 알맞은 수를 써넣으시오.

(1)
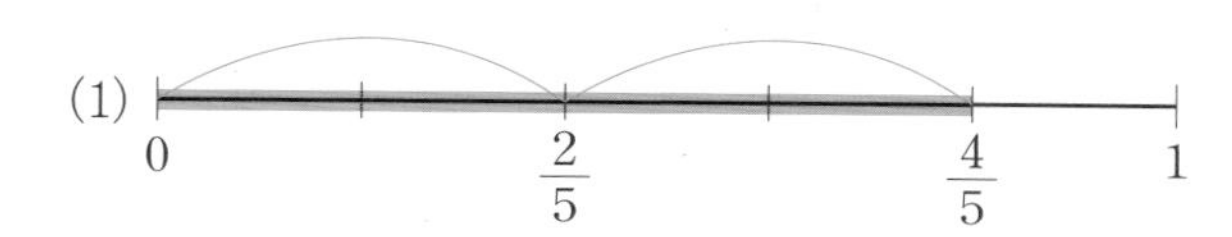

➡ $\frac{4}{5} \div \frac{2}{5} = \square$

(2)
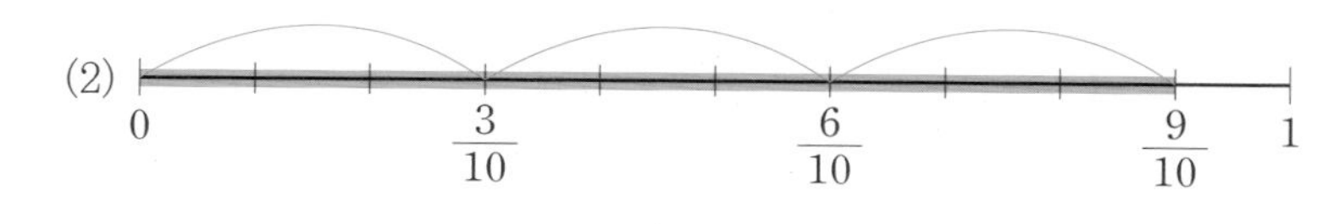

➡ $\frac{9}{10} \div \frac{3}{10} = \square$

2 □ 안에 알맞은 수를 써넣으시오.

(1) $\frac{2}{3} \div \frac{1}{3} = 2 \div 1 = \square$

(2) $\frac{6}{7} \div \frac{3}{7} = 6 \div 3 = \square$

(3) $\frac{8}{11} \div \frac{2}{11} = \square \div \square = \square$

(4) $\frac{8}{15} \div \frac{4}{15} = \square \div \square = \square$

3 □ 안에 알맞은 수를 써넣으시오.

(1) $\frac{4}{5} \div \frac{3}{5} = 4 \div 3 = \square\frac{\square}{\square}$

(2) $\frac{6}{7} \div \frac{5}{7} = 6 \div 5 = \square\frac{\square}{\square}$

(3) $\frac{7}{9} \div \frac{4}{9} = \square \div \square = \square\frac{\square}{\square}$

(4) $\frac{8}{11} \div \frac{6}{11} = \square \div \square = \square\frac{\square}{\square}$

4 다음 수의 역수를 구하시오.

(1) $\frac{1}{2}$ → (　　　　　　)

(2) $\frac{1}{3}$ → (　　　　　　)

(3) 4 → (　　　　　　)

(4) 5 → (　　　　　　)

(5) $\frac{5}{6}$ → (　　　　　　)

(6) $\frac{4}{7}$ → (　　　　　　)

기본문제 배운 개념 적용하기

1 다음 수직선을 보고, □ 안에 알맞은 수를 써넣으시오.

(1) 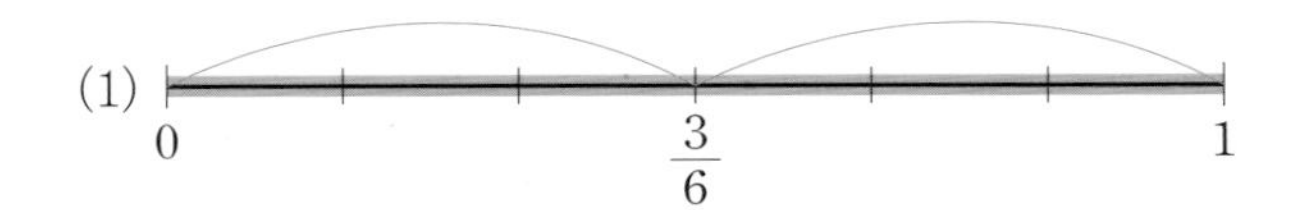

➡ $\frac{6}{6} \div \frac{3}{6} =$ □

(2) 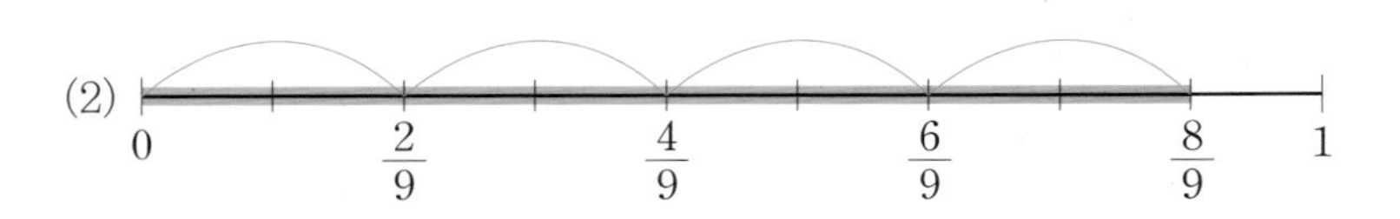

➡ $\frac{8}{9} \div \frac{2}{9} =$ □

2 □ 안에 알맞은 수를 써넣으시오.

(1) $\frac{3}{4} \div \frac{1}{4}$ ➡ $\frac{3}{4}$에서 $\frac{1}{4}$을 3번 덜어낼 수 있습니다. ➡ $\frac{3}{4} \div \frac{1}{4} =$ □

(2) $\frac{4}{9} \div \frac{2}{9}$ ➡ $\frac{4}{9}$는 $\frac{1}{9}$이 4개, $\frac{2}{9}$는 $\frac{1}{9}$이 2개입니다. ➡ $\frac{4}{9} \div \frac{2}{9} =$ □ $\div$ □ $=$ □

(3) $\frac{10}{11} \div \frac{5}{11}$ ➡ $\frac{10}{11}$은 $\frac{1}{11}$이 □개, $\frac{5}{11}$는 $\frac{1}{11}$이 □개입니다.

➡ $\frac{10}{11} \div \frac{5}{11} =$ □ $\div$ □ $=$ □

3 □ 안에 알맞은 수를 써넣으시오.

(1) $\frac{4}{7} \div \frac{2}{7} = 4 \div 2 =$ □

(2) $\frac{8}{13} \div \frac{4}{13} = 8 \div$ □ $=$ □

(3) $\frac{14}{15} \div \frac{7}{15} =$ □ $\div$ □ $=$ □

(4) $\frac{15}{17} \div \frac{5}{17} =$ □ $\div$ □ $=$ □

4 다음을 계산하시오.

(1) $\frac{6}{11} \div \frac{2}{11}$

(2) $\frac{8}{15} \div \frac{4}{15}$

(3) $\frac{15}{16} \div \frac{3}{16}$

(4) $\frac{16}{25} \div \frac{4}{25}$

5

다음 그림을 보고, □ 안에 알맞은 수를 써넣으시오.

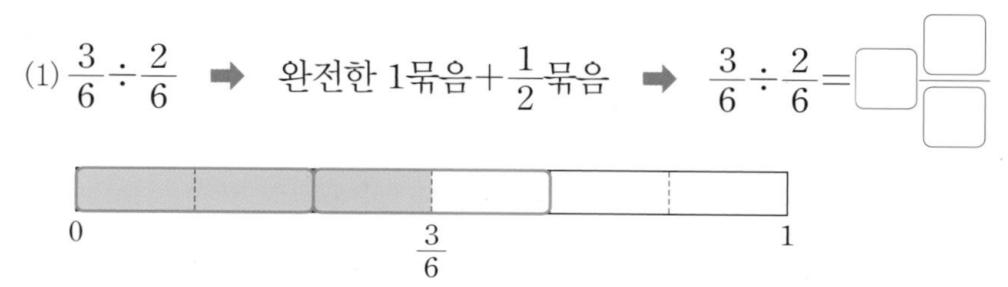

(1) $\frac{3}{6}\div\frac{2}{6}$ ➡ 완전한 1묶음$+\frac{1}{2}$묶음 ➡ $\frac{3}{6}\div\frac{2}{6}=\square\frac{\square}{\square}$

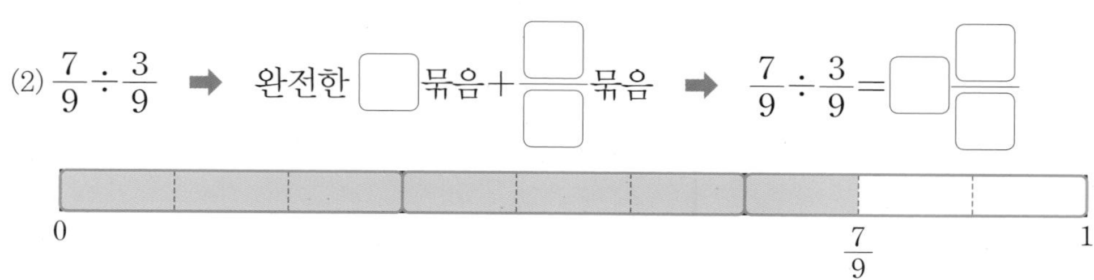

(2) $\frac{7}{9}\div\frac{3}{9}$ ➡ 완전한 □묶음$+\frac{\square}{\square}$묶음 ➡ $\frac{7}{9}\div\frac{3}{9}=\square\frac{\square}{\square}$

6

다음 그림을 보고, □ 안에 알맞은 수를 써넣으시오.

(1)

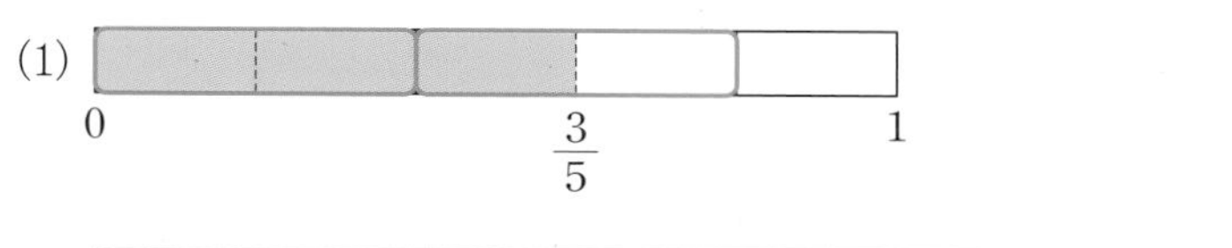

➡ $\frac{3}{5}\div\frac{2}{5}=1\frac{\square}{2}$

(2)

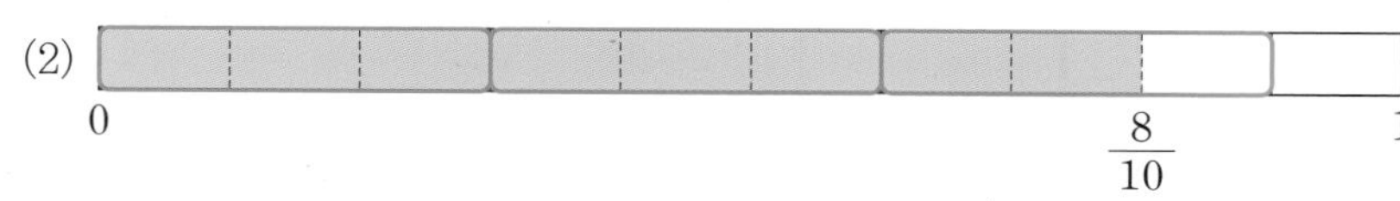

➡ $\frac{8}{10}\div\frac{3}{10}=\square\frac{\square}{3}$

7

분모가 같은 (분수)÷(분수)를 계산하는 방법입니다. 보기를 이용하여 □ 안에 알맞은 수를 써넣으시오.

$\frac{○}{★}\div\frac{□}{★} = ○\div□$

(1) $\frac{8}{9}\div\frac{4}{9}=8\div\square=\square$

(2) $\frac{11}{15}\div\frac{4}{15}=\square\div\square=\frac{\square}{\square}=\square\frac{\square}{\square}$

8

다음을 계산하시오.

(1) $\frac{8}{9}\div\frac{1}{9}$

(2) $\frac{9}{11}\div\frac{3}{11}$

(3) $\frac{11}{12}\div\frac{7}{12}$

(4) $\frac{15}{17}\div\frac{9}{17}$

발전문제 배운 개념 응용하기

1 다음 그림을 보고, □ 안에 알맞은 수를 써넣으시오.

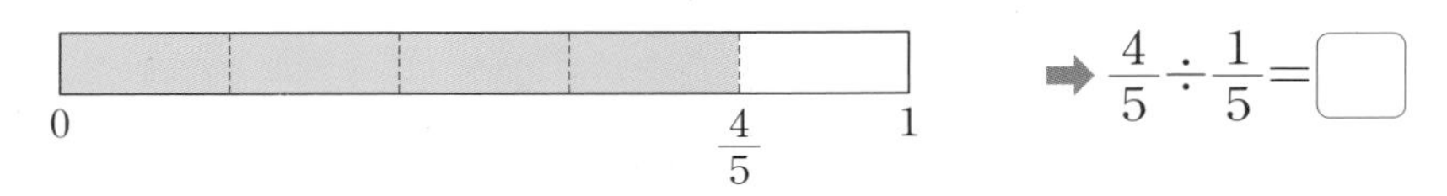

➡ $\frac{4}{5}\div\frac{1}{5}=$□

2 □ 안에 알맞은 수를 써넣으시오.

(1) $\frac{4}{5}$에서 $\frac{2}{5}$를 □번 덜어낼 수 있으므로 $\frac{4}{5}\div\frac{2}{5}=$□입니다.

(2) $\frac{6}{7}-\frac{2}{7}-\frac{2}{7}-\frac{2}{7}=0$이므로 $\frac{6}{7}\div\frac{2}{7}=$□입니다.

(3) $\frac{6}{11}$은 $\frac{1}{11}$이 □개이고 $\frac{3}{11}$은 $\frac{1}{11}$이 □개이므로 $\frac{6}{11}\div\frac{3}{11}=$□입니다.

(4) $\frac{12}{13}\div\frac{3}{13}$은 □를 □으로 나누는 것과 같으므로 $\frac{12}{13}\div\frac{3}{13}=$□입니다.

3 관계 있는 것끼리 선을 그어 연결하시오.

$\frac{6}{7}\div\frac{3}{7}$	$\frac{9}{10}\div\frac{3}{10}$	$\frac{8}{9}\div\frac{2}{9}$
•	•	•
•	•	•
$9\div3$	$6\div3$	$8\div2$

4 다음 그림을 보고, □ 안에 알맞은 수를 써넣으시오.

0　　$\frac{9}{10}$　1

➡ $\frac{9}{10}\div\frac{1}{5}=$□$\div$□$=\frac{□}{□}=$□$\frac{□}{□}$

정답/풀이 ➞ 21쪽

5

계산 결과를 비교하여 ◯ 안에 >, =, < 중에서 알맞은 것을 써넣으시오.

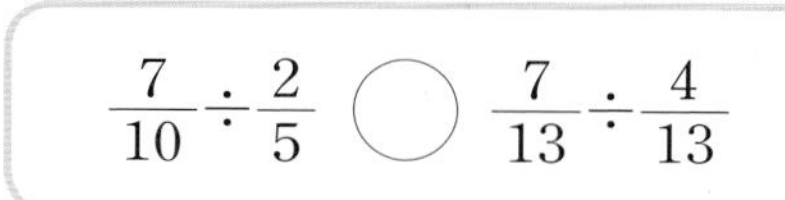

$$\frac{7}{10} \div \frac{2}{5} \bigcirc \frac{7}{13} \div \frac{4}{13}$$

6

큰 수는 작은 수의 몇 배인지 구하시오.

(1) 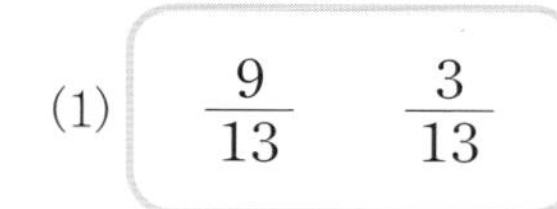

$\frac{9}{13}$ $\frac{3}{13}$

( )배

(2) $\frac{7}{15}$ $\frac{2}{15}$

( )배

7

▢ 안에 알맞은 수를 써넣으시오.

$$\frac{7}{11} \div \frac{\square}{11} = 1\frac{2}{5}$$

8

다음 그림과 같은 직사각형의 가로의 길이는 세로의 길이의 몇 배인지 구하시오.

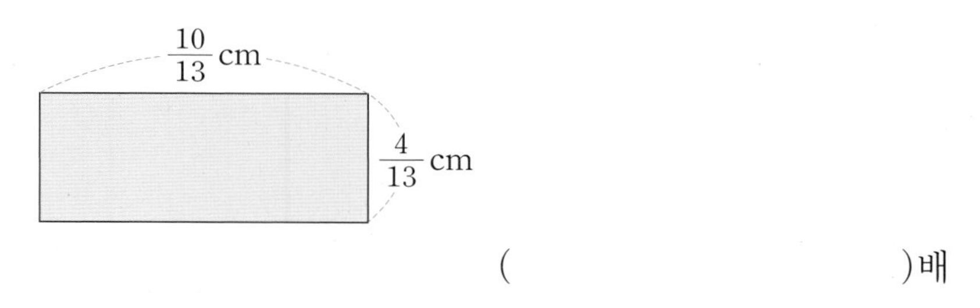

( )배

9

□ 안에 알맞은 분수를 구하시오.

$$\square \times \frac{5}{17} = \frac{14}{17}$$

(　　　　　　　　　　)

10

다음 분수 중에서 2개의 분수를 선택하여 계산 결과가 가장 큰 나눗셈식을 만들고 계산하시오.

$$\frac{11}{25} \quad \frac{21}{25} \quad \frac{17}{25} \quad \frac{9}{25} \quad \frac{13}{25}$$

(　　　　　　　　　　)

11

□ 안에 들어갈 수 있는 자연수를 모두 구하시오.

$$\square < \frac{27}{28} \div \frac{5}{28}$$

(　　　　　　　　　　)

12

보기를 이용하여 계산하시오.

$$\frac{\bigcirc}{\bigstar} \div \frac{\square}{\bigstar} = \frac{\bigcirc}{\bigstar} \times \frac{\bigstar}{\square}$$

(1) $\frac{6}{7} \div \frac{2}{7}$

(2) $\frac{3}{10} \div \frac{9}{10}$

(3) $\frac{7}{8} \div \frac{3}{8}$

(4) $\frac{7}{15} \div \frac{13}{15}$

정답/풀이 ➞ 22쪽

서술형
13 $\frac{28}{35}$ L의 포도 주스가 있습니다. 이 포도 주스를 하루에 $\frac{4}{35}$ L씩 마시면 며칠 동안 마실 수 있는지 구하시오.

정답 ____________ 일

풀이 과정 ____________

서술형
14 엄마가 포도 $\frac{7}{9}$ kg과 망고 $\frac{4}{9}$ kg을 사셨습니다. 포도의 무게는 망고의 무게의 몇 배인지 구하시오.

정답 ____________ 배

풀이 과정 ____________

서술형
15 상현이는 소설책을 어제는 전체의 $\frac{176}{267}$ 만큼, 오늘은 전체의 $\frac{80}{267}$ 만큼 읽었습니다. 어제 읽은 쪽수는 오늘 읽은 쪽수의 몇 배인지 구하시오.

정답 ____________ 배

풀이 과정 ____________

서술형
16 다음 조건을 만족하는 분수의 나눗셈식을 모두 만들고 계산하시오.

- $6 \div 3$을 이용하여 계산할 수 있습니다.
- 두 분수의 분모는 같습니다.
- 분모가 10보다 작고 홀수인 진분수의 나눗셈입니다.

정답 ____________

풀이 과정 ____________

분모가 다른 (분수)÷(분수)

1 분모가 다른 (분수)÷(분수)의 계산

• $\frac{3}{5} \div \frac{3}{10}$ ← 분모가 다릅니다.

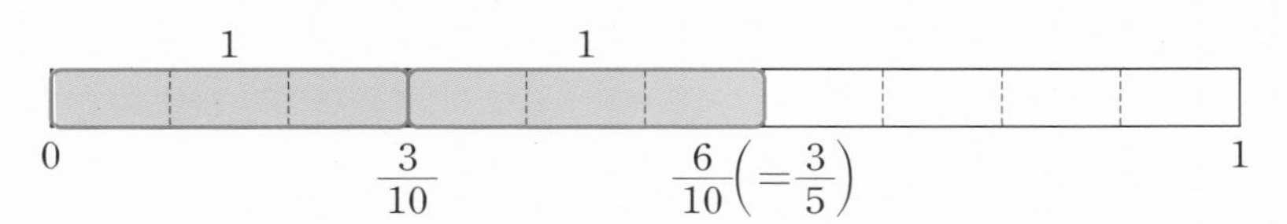

➡ $\frac{3}{5}\left(=\frac{6}{10}\right)$은 $\frac{3}{10}$이 2개입니다. → $\frac{3}{5} \div \frac{3}{10} = 2$

➡ $\frac{3}{5}\left(=\frac{6}{10}\right)$에서 $\frac{3}{10}$을 2번 덜어낼 수 있습니다. → $\frac{3}{5} - \frac{3}{10} - \frac{3}{10} = 0$

➡ $\frac{3}{5}\left(=\frac{6}{10}\right)$은 $\frac{1}{10}$이 6개이고 $\frac{3}{10}$은 $\frac{1}{10}$이 3개이므로 $\frac{3}{5} \div \frac{3}{10}$은 6을 3으로 나누는 것과 같습니다. → $\frac{3}{5} \div \frac{3}{10} = \frac{6}{10} \div \frac{3}{10} = 6 \div 3 = 2$

➡ 분모가 다른 분수의 나눗셈은 통분하여 분모를 갖게 한 다음 분자끼리 나누는 것과 같습니다.

→ $\frac{3}{5} \div \frac{3}{10} = \frac{3 \times 2}{5 \times 2} \div \frac{3}{10} = \frac{6}{10} \div \frac{3}{10} = 6 \div 3 = 2$

2 통분을 이용한 분모가 다른 (분수)÷(분수)의 계산

• $\frac{3}{4} \div \frac{2}{3} = \frac{3 \times 3}{4 \times 3} \div \frac{2 \times 4}{3 \times 4}$ ←분모 4와 3의 곱 12로 통분한 것입니다.

$= \frac{9}{12} \div \frac{8}{12} = 9 \div 8 = \frac{9}{8} = 1\frac{1}{8}$

• $\frac{5}{6} \div \frac{3}{4} = \frac{5 \times 2}{6 \times 2} \div \frac{3 \times 3}{4 \times 3}$ ←분모 6과 4의 최소공배수 12로 통분한 것입니다.

$= \frac{10}{12} \div \frac{9}{12} = 10 \div 9 = \frac{10}{9} = 1\frac{1}{9}$

1 분모와 분자에 각각 0이 아닌 같은 수를 곱하거나 분모와 분자를 각각 0이 아닌 같은 수로 나누어도 분수의 크기는 변하지 않습니다.

2 통분하는 방법은 2가지가 있습니다.

(1) 분모의 곱으로 통분하기

$\left(\frac{5}{6}, \frac{7}{8}\right)$

➡ $\left(\frac{5 \times 8}{6 \times 8}, \frac{7 \times 6}{8 \times 6}\right)$

(2) 최소공배수로 통분하기

6과 8의 최소공배수는 24입니다.

$\left(\frac{5}{6}, \frac{7}{8}\right)$

➡ $\left(\frac{5 \times 4}{6 \times 4}, \frac{7 \times 3}{8 \times 3}\right)$

깊은생각

• $\frac{○}{★} \div \frac{□}{★} = \frac{○}{★} \times \frac{★}{□}$과 같이 역수를 이용하면 나눗셈을 곱셈으로 바꾸어 계산할 수 있습니다.

$\frac{3}{5} \div \frac{3}{10} = \frac{\cancel{3}^{1}}{5} \times \frac{10}{\cancel{3}_{1}} = \frac{10}{5} = 2$

$\frac{3}{4} \div \frac{2}{3} = \frac{3}{4} \times \frac{3}{2} = \frac{9}{8} = 1\frac{1}{8}$

$\frac{5}{6} \div \frac{3}{4} = \frac{5}{\cancel{6}_{3}} \times \frac{\cancel{4}^{2}}{3} = \frac{10}{9} = 1\frac{1}{9}$

바로! 확인문제

정답/풀이 → 22쪽

1 두 분수를 통분하려고 합니다. □ 안에 알맞은 수를 써넣으시오.

(1) $\left(\frac{1}{2}, \frac{1}{3}\right) \rightarrow \left(\frac{\square}{6}, \frac{2}{6}\right)$

(2) $\left(\frac{2}{3}, \frac{3}{4}\right) \rightarrow \left(\frac{8}{12}, \frac{\square}{12}\right)$

(3) $\left(\frac{1}{2}, \frac{3}{4}\right) \rightarrow \left(\frac{\square}{\square}, \frac{3}{4}\right)$

(4) $\left(\frac{1}{3}, \frac{2}{9}\right) \rightarrow \left(\frac{\square}{\square}, \frac{2}{9}\right)$

(5) $\left(\frac{4}{9}, \frac{5}{6}\right) \rightarrow \left(\frac{\square}{\square}, \frac{\square}{18}\right)$

(6) $\left(\frac{7}{12}, \frac{3}{8}\right) \rightarrow \left(\frac{\square}{24}, \frac{\square}{\square}\right)$

2 □ 안에 알맞은 수를 써넣으시오.

(1) $\frac{2}{5} \div \frac{1}{6} = \frac{2 \times \square}{5 \times 6} \div \frac{1 \times \square}{6 \times 5}$

(2) $\frac{1}{4} \div \frac{3}{7} = \frac{1 \times \square}{4 \times \square} \div \frac{3 \times \square}{7 \times 4}$

3 □ 안에 알맞은 수를 써넣으시오.

(1) $\frac{3}{4} \div \frac{5}{8} = \frac{3 \times \square}{4 \times 2} \div \frac{5}{8}$

(2) $\frac{3}{5} \div \frac{2}{10} = \frac{3 \times \square}{5 \times 2} \div \frac{2}{10}$

4 □ 안에 알맞은 수를 써넣으시오.

(1) $\frac{7}{12} \div \frac{4}{15} = \frac{7 \times \square}{12 \times \square} \div \frac{4 \times 4}{15 \times \square}$

(2) $\frac{5}{12} \div \frac{7}{16} = \frac{5 \times \square}{12 \times 4} \div \frac{7 \times \square}{16 \times \square}$

기본문제 배운 개념 적용하기

1 다음 그림을 보고, ☐ 안에 알맞은 수를 써넣으시오.

(1)

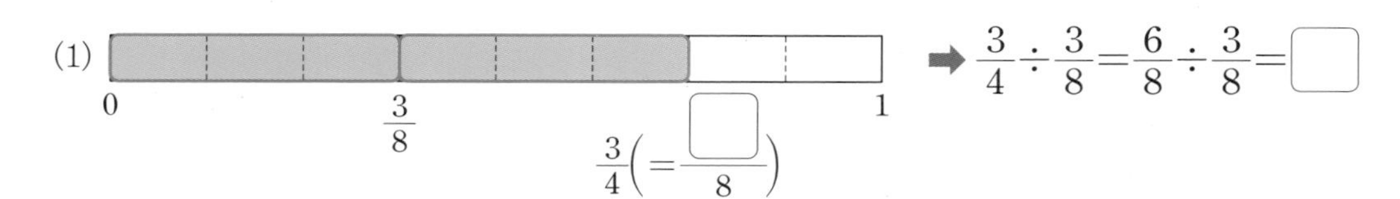

➡ $\frac{3}{4} \div \frac{3}{8} = \frac{6}{8} \div \frac{3}{8} = ☐$

(2)

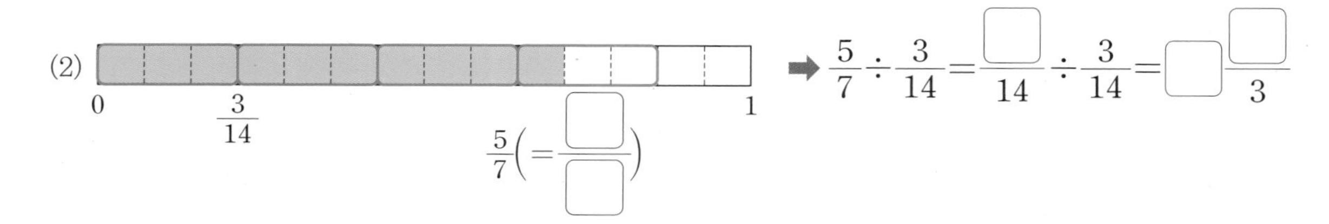

➡ $\frac{5}{7} \div \frac{3}{14} = \frac{☐}{14} \div \frac{3}{14} = ☐\frac{☐}{3}$

2 $\frac{1}{2} \div \frac{1}{6}$을 계산하려고 합니다. ☐ 안에 알맞은 수를 써넣으시오.

(1) 분모를 통분합니다. ➡ $\frac{1}{2} = \frac{1 \times 3}{2 \times 3} = \frac{☐}{☐}$

(2) 분모가 같은 분수의 나눗셈을 합니다. ➡ $\frac{1}{2} \div \frac{1}{6} = \frac{☐}{☐} \div \frac{1}{6} = ☐ \div 1 = ☐$

3 ☐ 안에 알맞은 수를 써넣으시오.

(1) $\frac{2}{3} \div \frac{1}{9} = \frac{2 \times 3}{3 \times 3} \div \frac{1}{9} = \frac{6}{9} \div \frac{☐}{9} = ☐ \div 1 = ☐$

(2) $\frac{3}{5} \div \frac{3}{10} = \frac{3 \times 2}{5 \times 2} \div \frac{3}{10} = \frac{☐}{10} \div \frac{☐}{10} = ☐ \div ☐ = ☐$

4 다음을 계산하시오.

(1) $\frac{1}{2} \div \frac{1}{4}$

(2) $\frac{4}{5} \div \frac{4}{15}$

(3) $\frac{5}{6} \div \frac{5}{12}$

(4) $\frac{6}{7} \div \frac{2}{21}$

5

다음을 계산하시오.

(1) $\frac{3}{4} \div \frac{1}{2}$

(2) $\frac{9}{10} \div \frac{1}{5}$

(3) $\frac{1}{12} \div \frac{5}{6}$

(4) $\frac{2}{9} \div \frac{2}{3}$

6

보기를 이용하여, □ 안에 알맞은 수를 써넣으시오.

$$\frac{\bigcirc}{\square} \div \frac{\triangle}{\bigstar} = \frac{\bigcirc \times \bigstar}{\square \times \bigstar} \div \frac{\triangle \times \square}{\bigstar \times \square}$$

(1) $\frac{2}{3} \div \frac{3}{4} = \frac{2 \times 4}{3 \times 4} \div \frac{3 \times 3}{4 \times 3} = \frac{\square}{12} \div \frac{\square}{12} = \frac{\square}{\square}$

(2) $\frac{5}{6} \div \frac{2}{9} = \frac{5 \times \square}{6 \times \square} \div \frac{2 \times \square}{9 \times \square} = \frac{\square}{54} \div \frac{\square}{54} = \frac{\square}{4} = \square\frac{\square}{\square}$

7

□ 안에 알맞은 수를 써넣으시오.

(1) $\frac{5}{6} \div \frac{3}{4}$ ➡ 6과 4의 최소공배수는 12입니다.

➡ $\frac{5 \times 2}{6 \times 2} \div \frac{3 \times 3}{4 \times 3} = \frac{10}{12} \div \frac{9}{12} = 10 \div 9 = \frac{\square}{\square} = \square\frac{\square}{\square}$

(2) $\frac{8}{9} \div \frac{7}{12}$ ➡ 9와 12의 최소공배수는 □입니다.

➡ $\frac{8 \times \square}{9 \times \square} \div \frac{7 \times \square}{12 \times \square} = \frac{\square}{\square} \div \frac{\square}{\square} = \square \div \square = \frac{\square}{\square} = \square\frac{\square}{\square}$

8

다음을 계산하시오.

(1) $\frac{3}{4} \div \frac{2}{5}$

(2) $\frac{5}{6} \div \frac{1}{12}$

(3) $\frac{5}{8} \div \frac{1}{6}$

(4) $\frac{5}{6} \div \frac{4}{15}$

발전문제 배운 개념 응용하기

1 다음 그림을 보고, □ 안에 알맞은 수를 써넣으시오.

(1)
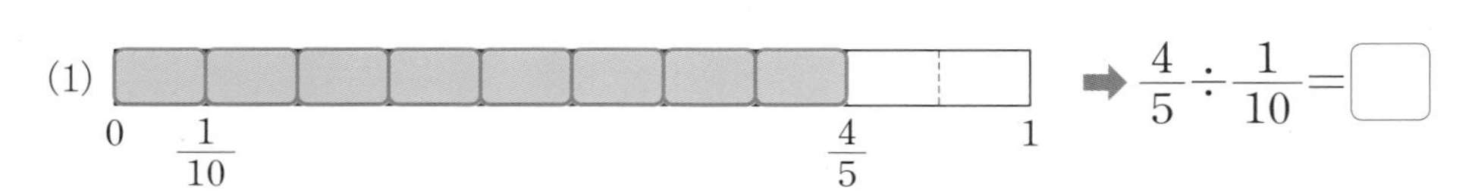

➡ $\frac{4}{5} \div \frac{1}{10} = \square$

(2)
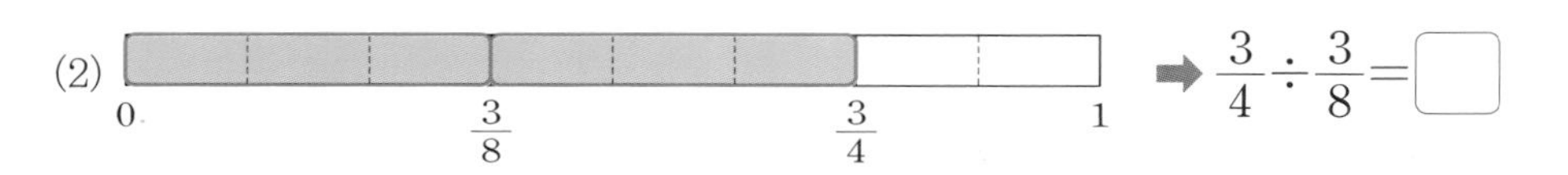

➡ $\frac{3}{4} \div \frac{3}{8} = \square$

2 □ 안에 알맞은 수를 써넣으시오.

(1) $\frac{4}{5} \div \frac{2}{15} = \frac{\square}{15} \div \frac{2}{15} = \square \div \square = \square$

(2) $\frac{2}{3} \div \frac{4}{21} = \frac{\square}{21} \div \frac{4}{21} = \square \div \square = \square\frac{\square}{\square}$

3 다음을 계산하시오.

(1) $\frac{3}{4} \div \frac{5}{8}$

(2) $\frac{4}{5} \div \frac{3}{10}$

(3) $\frac{4}{9} \div \frac{5}{18}$

(4) $\frac{5}{8} \div \frac{9}{24}$

4 다음을 계산하시오.

(1) $\frac{4}{5} \div \frac{1}{2}$

(2) $\frac{3}{4} \div \frac{4}{5}$

(3) $\frac{3}{4} \div \frac{2}{5}$

(4) $\frac{5}{6} \div \frac{4}{7}$

정답/풀이 ➜ 24쪽

5 다음을 계산하시오.

(1) $\frac{3}{4} \div \frac{1}{6}$

(2) $\frac{5}{8} \div \frac{1}{6}$

(3) $\frac{4}{9} \div \frac{5}{6}$

(4) $\frac{5}{6} \div \frac{4}{15}$

6 빈칸에 알맞은 수를 써넣으시오.

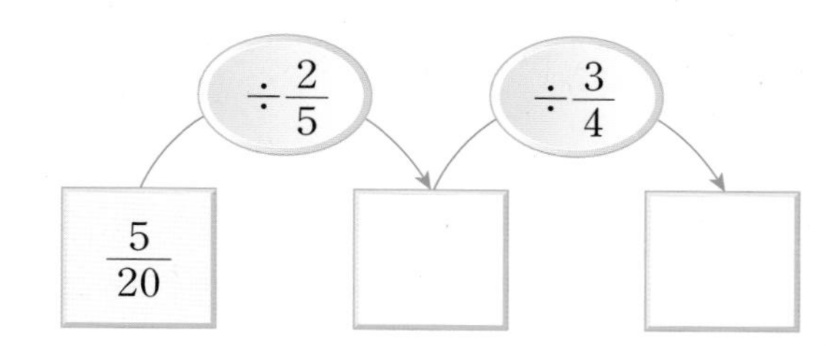

7 계산 결과가 1보다 큰 나눗셈식을 모두 찾아 기호로 쓰시오.

㉠ $\frac{2}{3} \div \frac{7}{12}$　　㉡ $\frac{5}{8} \div \frac{7}{12}$　　㉢ $\frac{1}{3} \div \frac{5}{8}$

(　　　　　　　　)

8 몫의 크기를 비교하여 ◯ 안에 >, =, < 중에서 알맞은 것을 써넣으시오.

$\frac{5}{6} \div \frac{2}{9}$ ◯ $\frac{7}{8} \div \frac{3}{10}$

9 □ 안에 알맞은 수를 구하시오.

$$\frac{20}{21} \times \square = \frac{5}{12}$$

(　　　　　　　　)

10 □ 안에 들어갈 수 있는 자연수 중에서 가장 작은 수를 구하시오.

$$\frac{5}{6} \div \frac{7}{9} < \square$$

(　　　　　　　　)

11 철수는 감자 $\frac{4}{5}$ kg을 바구니 한 개에 $\frac{2}{15}$ kg씩 나누어 담으려고 합니다. 감자를 바구니 몇 개에 담을 수 있는지 구하시오.

(　　　　　　　　)개

12 넓이가 $\frac{3}{14}$ cm^{2}이고 높이가 $\frac{10}{21}$ cm인 평행사변형이 있습니다. 이 평행사변형의 밑변의 길이는 몇 cm인지 구하시오.

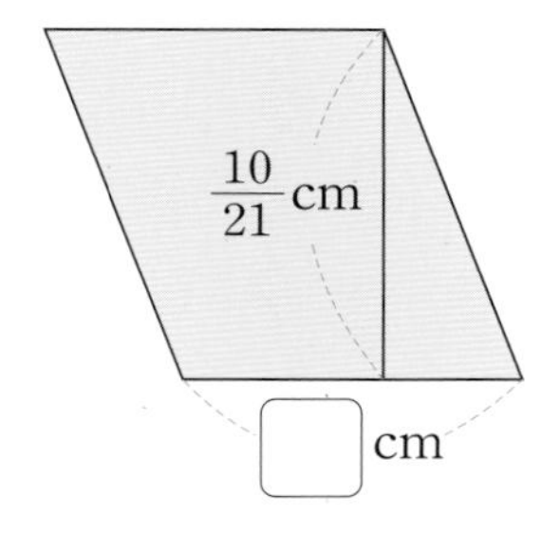

(　　　　　　　　)cm

서술형

13 2명의 친구가 각각 그림을 그리는 데 연호는 전체의 $\frac{7}{9}$을 그렸고, 지원이는 전체의 $\frac{5}{7}$를 그렸습니다. 연호가 그려야 할 남은 부분은 지원이가 그려야 할 남은 부분의 몇 배인지 구하시오.

정답 ____________ 배

풀이 과정 ____________

서술형

14 넓이가 $\frac{3}{4}\text{km}^2$인 텃밭에 비료 $\frac{7}{8}\text{kg}$을 뿌렸습니다. 텃밭 1km^2당 몇 kg의 비료를 뿌렸는지 구하시오.

정답 ____________ kg

풀이 과정 ____________

서술형

15 무게가 $\frac{7}{12}\text{kg}$인 금속관 $\frac{4}{15}\text{m}$가 있습니다. 이 금속관 1kg의 길이는 몇 m인지 구하시오.

정답 ____________ m

풀이 과정 ____________

서술형

16 동찬이네 집에서 학교까지의 거리는 학교에서 놀이터까지 거리의 몇 배인지 구하시오.

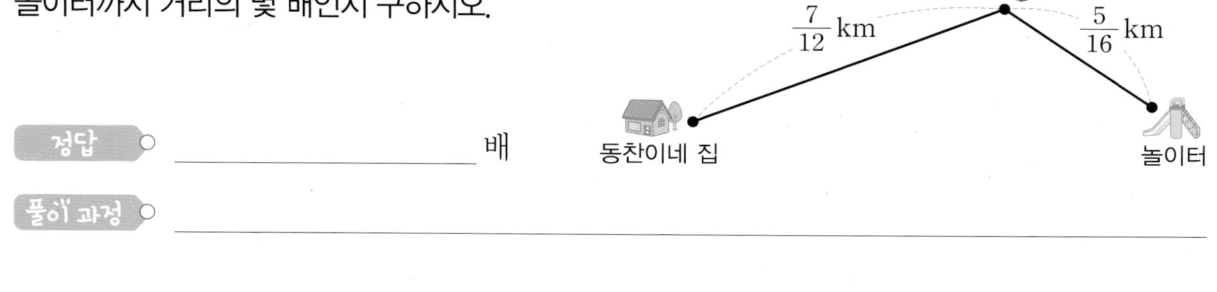

정답 ____________ 배

풀이 과정 ____________

(자연수)÷(분수)

1 (자연수)÷(단위분수)의 계산 : 예 $2 \div \frac{1}{4}$

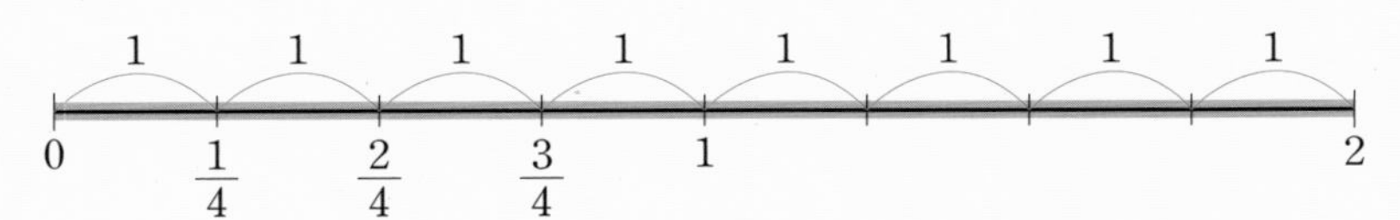

➡ $2\left(=\frac{8}{4}\right)$은 $\frac{1}{4}$이 8개이고 $\frac{1}{4}$은 $\frac{1}{4}$이 1개이므로 $2 \div \frac{1}{4}$은 8을 1로 나누는 것과 같습니다. → $2 \div \frac{1}{4} = \frac{8}{4} \div \frac{1}{4} = 8 \div 1 = 8$

➡ (자연수)÷(단위분수)의 계산은 나눗셈을 곱셈으로 바꾸고 단위분수의 분모와 분자를 바꾸어 계산할 수 있습니다.

$$★ \div \frac{1}{\square} = ★ \times \frac{\square}{1}$$

→ $2 \div \frac{1}{4} = 2 \times \frac{4}{1} = 8$

2 (자연수)÷(분수)의 계산 : 예 $2 \div \frac{3}{4}$

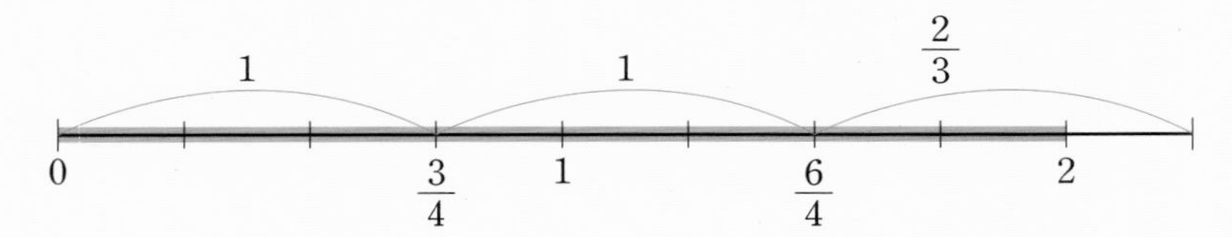

➡ $2\left(=\frac{8}{4}\right)$은 $\frac{1}{4}$이 8개이고 $\frac{3}{4}$은 $\frac{1}{4}$이 3개이므로 $2 \div \frac{3}{4}$은 8을 3으로 나누는 것과 같습니다. → $2 \div \frac{3}{4} = \frac{8}{4} \div \frac{3}{4} = 8 \div 3 = \frac{8}{3} = 2\frac{2}{3}$

➡ (자연수)÷(분수)의 계산은 나눗셈을 곱셈으로 바꾸고 분수의 분모와 분자를 바꾸어 계산할 수 있습니다.

$$★ \div \frac{\bigcirc}{\square} = ★ \times \frac{\square}{\bigcirc}$$

→ $2 \div \frac{3}{4} = 2 \times \frac{4}{3} = \frac{8}{3} = 2\frac{2}{3}$

1 $6 \div 2 = 3$
(1) 6에서 2를 3번 덜어낼 수 있습니다.
(2) $6-2-2-2=0$

2 분모가 같은 (분수)÷(분수)의 계산은 분자끼리 나누는 것과 같습니다.
$\frac{8}{4} \div \frac{1}{4} = 8 \div 1$

3 $★ \div \frac{1}{\square} = ★ \times \frac{\square}{1}$
$= ★ \times \square$

4 $★ \div \frac{\bigcirc}{\square} = (★ \div \bigcirc) \times \square$
로 계산할 수 있습니다.
$2 \div \frac{3}{4} = (2 \div 3) \times 4$
$= \frac{2}{3} \times 4 = \frac{8}{3}$
$★ \div \frac{\bigcirc}{\square} = (★ \times \square) \div \bigcirc$
로 계산할 수도 있습니다.
$2 \div \frac{3}{4} = (2 \times 4) \div 3$
$= 8 \div 3 = \frac{8}{3}$

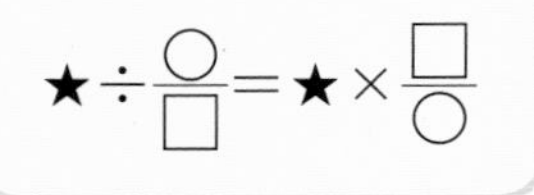

깊은생각

- (자연수)÷(분수)는 다음 3가지 방법을 이용하여 계산할 수 있습니다.

$★ \div \frac{\bigcirc}{\square} = ★ \times \frac{\square}{\bigcirc}$	$★ \div \frac{\bigcirc}{\square} = ★ \div \bigcirc \times \square$	$★ \div \frac{\bigcirc}{\square} = ★ \times \square \div \bigcirc$
(자연수)×$\frac{(분모)}{(분자)}$	(자연수)÷(분자)×(분모)	(자연수)×(분모)÷(분자)
$10 \div \frac{2}{5} \rightarrow \overset{5}{\cancel{10}} \times \frac{5}{\underset{1}{\cancel{2}}} = 25$	$10 \div 2 \times 5 = 5 \times 5 = 25$	$10 \times 5 \div 2 = 50 \div 2 = 25$

바로! 확인문제

정답/풀이 ➔ 26쪽

1 다음 수직선을 보고, □ 안에 알맞은 수를 써넣으시오.

(1)

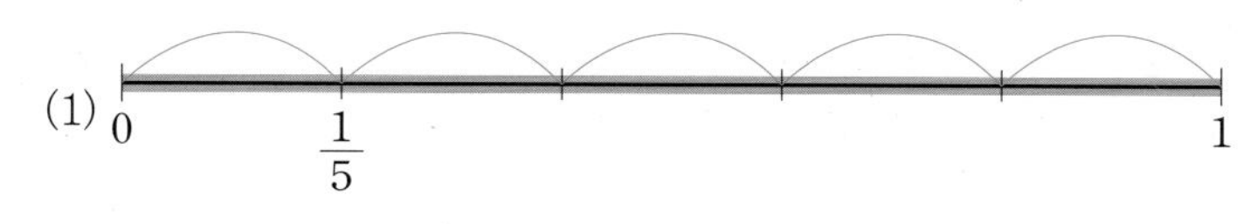

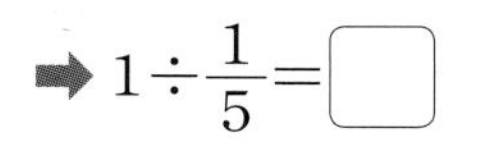

➡ $1 \div \frac{1}{5} = \square$

(2)

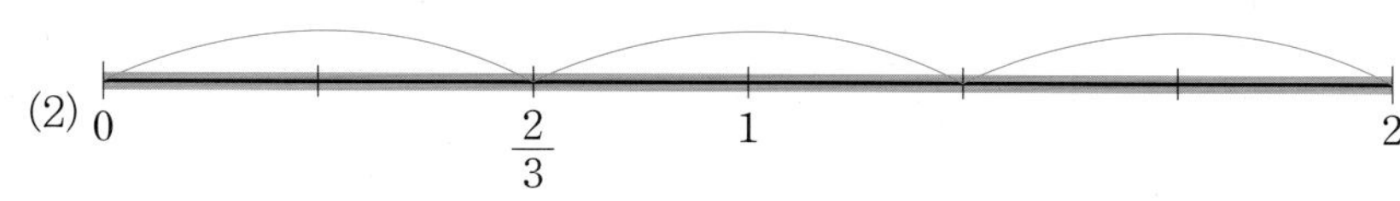

➡ $2 \div \frac{2}{3} = \square$

2 □ 안에 알맞은 수를 써넣으시오.

(1) $3 \div \frac{1}{5} = 3 \times \square = \square$

(2) $4 \div \frac{1}{6} = 4 \times \square = \square$

3 □ 안에 알맞은 수를 써넣으시오.

(1) $4 \div \frac{2}{3} = \frac{12}{3} \div \frac{2}{3} = \square \div \square$

(2) $3 \div \frac{3}{5} = \frac{\square}{5} \div \frac{3}{5} = \square \div \square$

(3) $2 \div \frac{3}{4} = \frac{\square}{4} \div \frac{\square}{\square} = \square \div \square$

4 □ 안에 알맞은 수를 써넣으시오.

(1) $4 \div \frac{2}{3} = 4 \times \frac{3}{2} = \square$

(2) $3 \div \frac{3}{5} = 3 \times \frac{\square}{\square} = \square$

(3) $2 \div \frac{3}{4} = 2 \times \frac{\square}{\square} = \square\frac{\square}{\square}$

1 다음 수직선을 보고, □ 안에 알맞은 수를 써넣으시오.

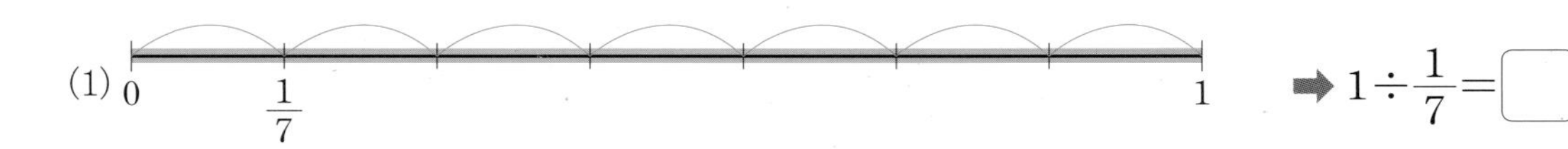

➡ $1\div\frac{1}{7}=\square$

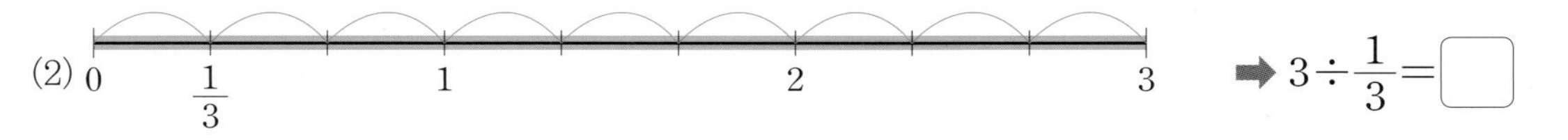

➡ $3\div\frac{1}{3}=\square$

2 □ 안에 알맞은 수를 써넣으시오.

(1) 2에서 $\frac{1}{2}$을 □번 덜어낼 수 있으므로 $2\div\frac{1}{2}=\square$입니다.

(2) $2-\frac{1}{2}-\frac{1}{2}-\frac{1}{2}-\frac{1}{2}=0$이므로 $2\div\frac{1}{2}=\square$입니다.

(3) 2는 $\frac{1}{2}$이 □개이므로 $2\div\frac{1}{2}=\square$입니다.

3 □ 안에 알맞은 수를 써넣으시오.

(1) $3\div\frac{1}{4}=3\times\square=\square$

(2) $2\div\frac{1}{6}=2\times\square=\square$

(3) $5\div\frac{1}{3}=\square\times\square=\square$

(4) $4\div\frac{1}{9}=\square\times\square=\square$

4 다음을 계산하시오.

(1) $5\div\frac{1}{6}$

(2) $4\div\frac{1}{7}$

정답/풀이 ➡ 27쪽

5

다음 수직선을 보고, □ 안에 알맞은 수를 써넣으시오.

(1) 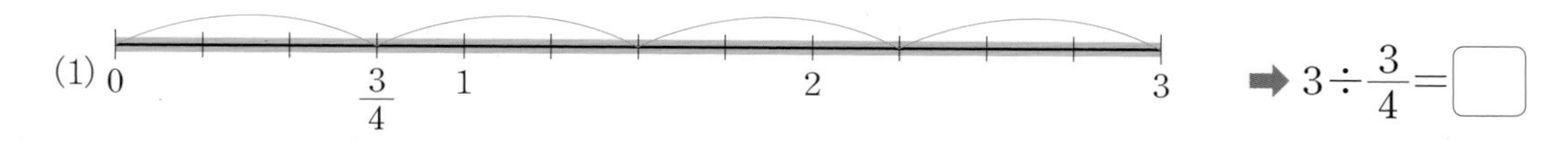

➡ $3 \div \frac{3}{4} = \square$

(2) 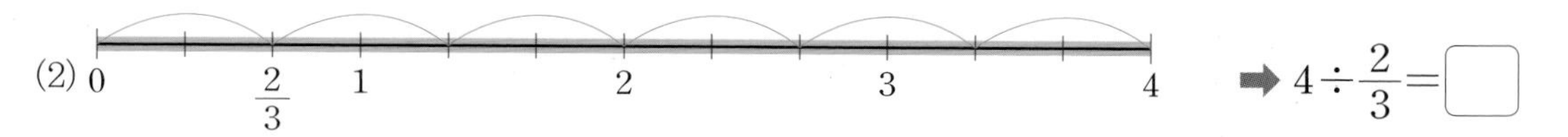

➡ $4 \div \frac{2}{3} = \square$

6

□ 안에 알맞은 수를 써넣으시오.

• 딸기 6 kg을 따는 데 $\frac{3}{4}$시간이 걸렸습니다.

(1) $\frac{1}{4}$시간 동안 딸 수 있는 딸기의 양은 $6 \div \square = \square$(kg)입니다.

(2) 1시간 동안 딸 수 있는 딸기의 양은 $6 \div \square \times \square = \square$(kg)입니다.

7

(자연수)÷(분수)를 계산하려고 합니다. 보기를 이용하여 □ 안에 알맞은 수를 써넣으시오.

$★ \div \frac{○}{□} = (★ \div ○) \times □$

(1) $8 \div \frac{2}{3} = (8 \div 2) \times \square = \square$

(2) $14 \div \frac{2}{5} = (14 \div \square) \times \square = \square$

8

(자연수)÷(분수)를 계산하려고 합니다. 보기를 이용하여 □ 안에 알맞은 수를 써넣으시오.

$★ \div \frac{○}{□} = (★ \times □) \div ○$

(1) $8 \div \frac{4}{5} = (8 \times 5) \div \square = \square$

(2) $15 \div \frac{5}{6} = (15 \times \square) \div \square = \square$

발전문제 배운 개념 응용하기

1 다음 그림을 보고, □ 안에 알맞은 수를 써넣으시오.

(1)

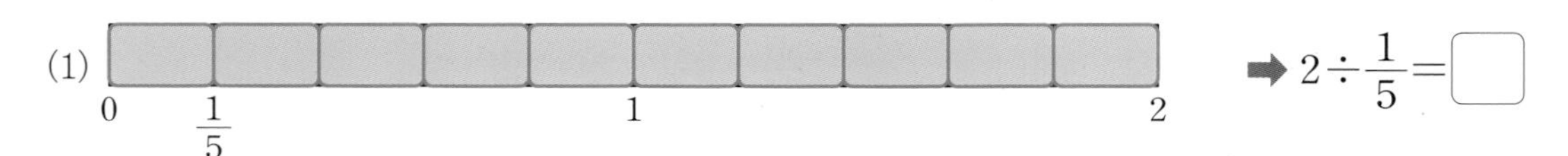

➡ $2 \div \frac{1}{5} = \square$

(2)

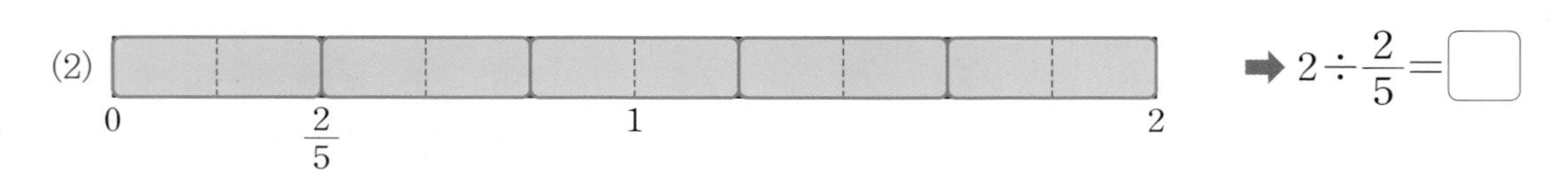

➡ $2 \div \frac{2}{5} = \square$

2 (자연수)÷(분수)를 계산하시오.

(1) $4 \div \frac{1}{5}$

(2) $5 \div \frac{1}{6}$

(3) $8 \div \frac{2}{7}$

(4) $10 \div \frac{5}{8}$

3 다음 문제를 풀려고 합니다. □ 안에 알맞은 수를 써넣으시오.

• 무게가 6 kg이고 길이가 $\frac{3}{5}$ m인 막대가 있습니다.
길이가 1 m인 막대의 무게는 몇 kg입니까?

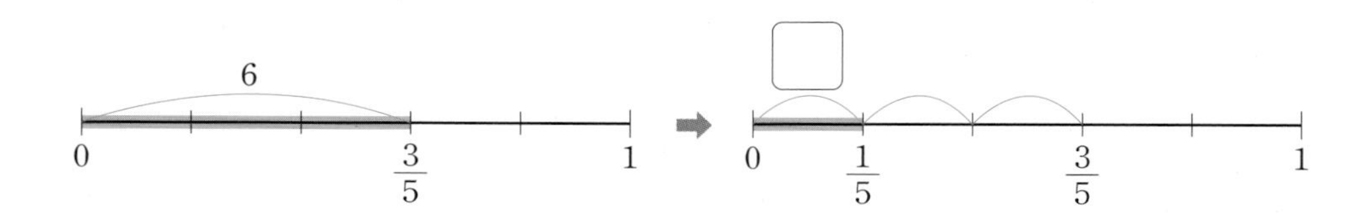

(1) 문제를 해결하기 위한 식은 $\square \div \frac{\square}{\square}$ 입니다.

(2) 길이가 $\frac{1}{5}$ m인 막대의 무게는 $6 \div \square = \square$(kg)입니다.

(3) 길이가 $\frac{1}{5}$ m인 막대의 무게가 □ kg이면, 길이가 1 m인 막대의 무게는 $\square \times \square$(kg)입니다.

(4) 이 문제는 $\square \div \frac{\square}{\square} = (\square \div \square) \times \square = \square$(kg)과 같이 해결할 수 있습니다.

정답/풀이 ➜ 28쪽

4 다음 수직선을 보고, □ 안에 알맞은 수를 써넣으시오.

(1) 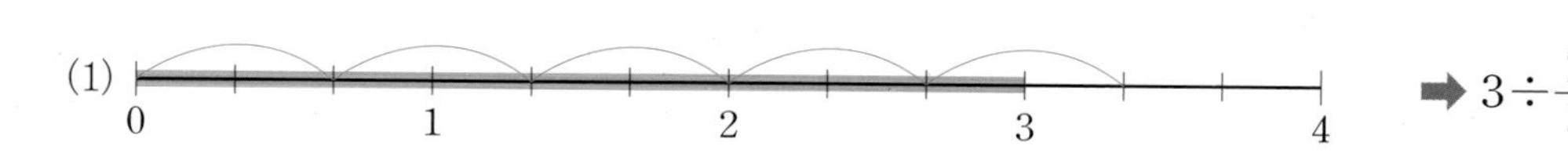

➡ $3 \div \frac{2}{3} = \square\frac{\square}{\square}$

(2) 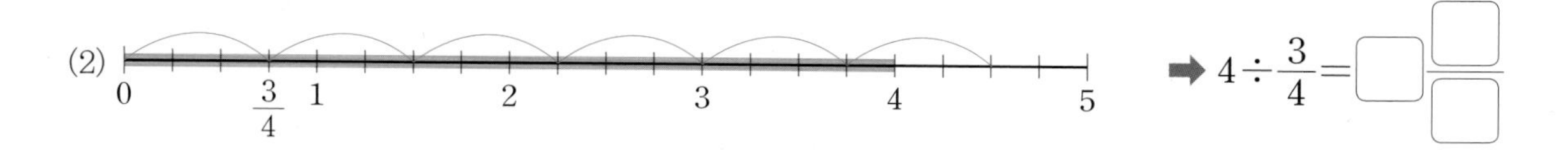

➡ $4 \div \frac{3}{4} = \square\frac{\square}{\square}$

5 보기를 이용하여 계산하시오.

$$★ \div \frac{○}{□} = (★ \div ○) \times □$$

(1) $4 \div \frac{4}{5}$

(2) $6 \div \frac{3}{7}$

(3) $7 \div \frac{2}{5}$

(4) $9 \div \frac{7}{9}$

6 보기를 이용하여 계산하시오.

$$★ \div \frac{○}{□} = (★ \times □) \div ○$$

(1) $6 \div \frac{3}{5}$

(2) $8 \div \frac{4}{7}$

(3) $8 \div \frac{3}{5}$

(4) $9 \div \frac{5}{9}$

7 바르게 계산한 것에 모두 ○표 하시오.

$12 \div \frac{2}{3} = (12 \div 2) \times 3$	$12 \div \frac{2}{3} = (12 \times 3) \div 2$	$12 \div \frac{2}{3} = 12 \times \frac{3}{2}$
(　　　)	(　　　)	(　　　)

8 □ 안에 들어갈 수 있는 가장 큰 자연수를 구하시오.

$$16 \div \frac{8}{9} > \square$$

(　　　　　　　　　　)

9 □ 안에 들어갈 수 있는 나눗셈을 찾아 기호를 쓰시오.

$10 < \square < 15$ ⬅ ㉠ $10 \div \frac{2}{3}$ ㉡ $15 \div \frac{3}{4}$ ㉢ $12 \div \frac{6}{7}$

(　　　　　　　　　　)

10 빈칸에 알맞은 수를 써넣으시오.

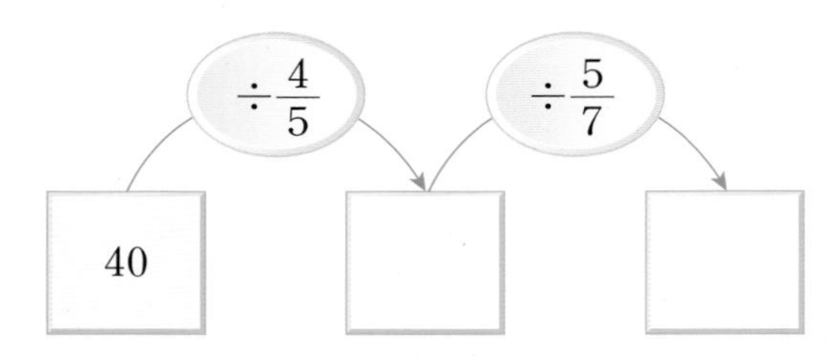

11 빈칸에 알맞은 수를 써넣으시오.

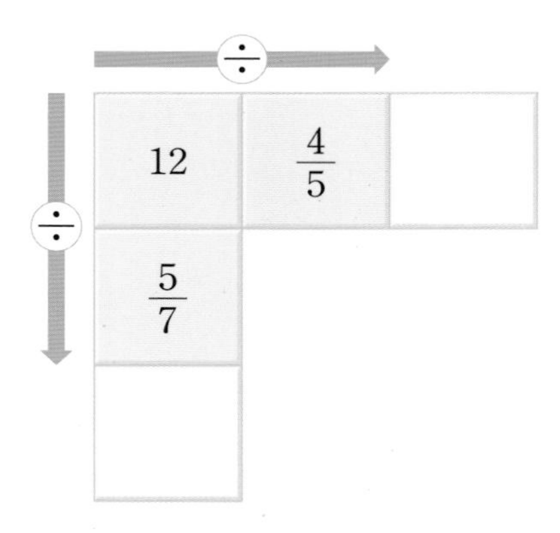

정답/풀이 ➞ 29쪽

서술형

12

팬케이크 한 장을 만드는데 설탕 $\frac{4}{5}$ kg이 필요합니다. 설탕 8 kg으로 팬케이크를 몇 장 만들 수 있는지 구하시오.

정답 ________ 장

풀이 과정 ________________

____

서술형

13

포도 농장에서 27 kg의 포도를 수확하였습니다. 이웃 주민들에게 한 사람당 $\frac{3}{4}$ kg씩 나누어 주려고 합니다. 몇 명의 이웃에게 나누어 줄 수 있는지 구하시오.

정답 ________ 명

풀이 과정 ________________

____

서술형

14

마트에서 음료수를 팔고 있습니다. 사과 주스와 포도 주스 중에서 1 L의 가격이 더 싼 음료수는 무엇이고 얼마나 더 싼지 구하시오.

- 사과 주스 : $\frac{5}{9}$ L에 5000원
- 포도 주스 : $\frac{5}{7}$ L에 3500원

정답 (   )주스가 (   )원 더 쌉니다.

풀이 과정 ________________

____

서술형

15

신형이와 영준이가 밭을 갈았습니다. 둘이 함께 일을 했을 때는 전체 밭의 $\frac{3}{4}$을 가는 데 3시간이 걸렸고, 신형이가 혼자서 전체 밭의 $\frac{1}{4}$을 가는 데 3시간이 걸렸습니다. 영준이가 혼자서 전체 밭을 간다면 몇 시간이 걸리는지 구하시오.

정답 ________ 시간

풀이 과정 ________________

____

분수의 나눗셈을 분수의 곱셈으로 나타내기

1 분모가 다른 (분수)÷(분수)의 계산

• 분모의 곱을 이용하여 통분하는 방법

➡ $\frac{1}{4}\div\frac{3}{8}=\frac{1\times8}{4\times8}\div\frac{3\times4}{8\times4}=\frac{8}{32}\div\frac{12}{32}=8\div2=\frac{8}{12}=\frac{2}{3}$

• 최소공배수를 이용하여 통분하는 방법

➡ $\frac{1}{4}\div\frac{3}{8}=\frac{1\times2}{4\times2}\div\frac{3}{8}=\frac{2}{8}\div\frac{3}{8}=2\div3=\frac{2}{3}$

2 □÷(분수)를 □×(분수)로 계산하기

• (자연수)÷(분수)의 계산은 나눗셈을 곱셈으로 바꾸고 분수의 분모와 분자를 바꾸어 계산할 수 있습니다.

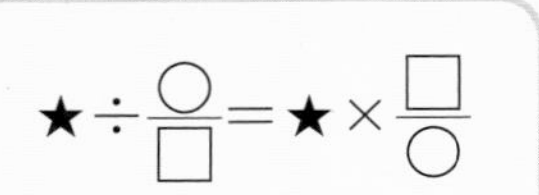

$★\div\frac{○}{□}=★\times\frac{□}{○}$

➡ $2\div\frac{3}{4}=2\times\frac{4}{3}=\frac{8}{3}=2\frac{2}{3}$

• (분수)÷(분수)의 계산은 나눗셈을 곱셈으로 바꾸고 나누는 분수의 분모와 분자를 바꾸어 계산할 수 있습니다.

$\frac{★}{△}\div\frac{○}{□}=\frac{★}{△}\times\frac{□}{○}$

➡ $\frac{5}{4}\div\frac{3}{8}=\frac{5}{\not{4}_1}\times\frac{\not{8}^2}{3}=\frac{10}{3}=3\frac{1}{3}$

1 분모와 분자에 각각 0이 아닌 같은 수를 곱하거나 분모와 분자를 각각 0이 아닌 같은 수로 나누어도 분수의 크기는 변하지 않습니다.

2 (자연수)÷(분수)의 계산 방법

(1) $★\div\frac{○}{□}$
$=★\times\frac{□}{○}$

(2) $★\div\frac{○}{□}$
$=★\div○\times□$

(3) $★\div\frac{○}{□}$
$=★\times□\div○$

깊은생각

● 역수를 이용하면 분수의 나눗셈 계산이 쉬워집니다.

(1) □의 역수는 □가 0이 아닐 때 □×○=1이 되는 ○를 말합니다.

(2) '서로 곱하여 1이 되는 수'를 말합니다. $2\times\frac{1}{2}=1$이므로 $\frac{1}{2}$은 2의 역수이고 2는 $\frac{1}{2}$의 역수입니다.

(3) 분수의 역수는 분모와 분자를 바꾸어주면 됩니다.

● 역수를 구하는 방법

(1) 자연수의 역수는 $\frac{1}{(\text{자연수})}$입니다.

➡ 3의 역수는 $\frac{1}{3}$입니다. → $3\times\frac{1}{3}=\frac{3}{1}\times\frac{1}{3}=1$

(2) $\frac{(\text{분자})}{(\text{분모})}$의 역수는 $\frac{(\text{분모})}{(\text{분자})}$입니다.

➡ $\frac{3}{4}$의 역수는 $\frac{4}{3}$입니다. → $\frac{3}{4}\times\frac{4}{3}=1$

(3) 대분수는 가분수로 바꾸어 역수를 구합니다.

➡ $1\frac{2}{3}\left(=\frac{5}{3}\right)$의 역수는 $\frac{3}{5}$입니다. → $1\frac{2}{3}\times\frac{3}{5}=\frac{5}{3}\times\frac{3}{5}=1$

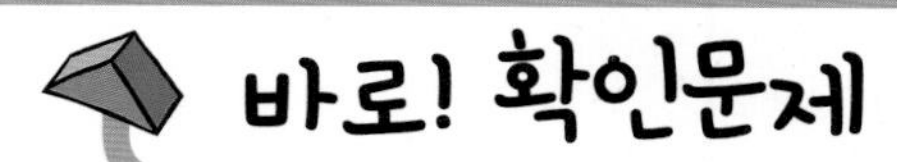

바로! 확인문제

정답/풀이 ➞ 30쪽

1 분모의 곱을 이용하여 통분하는 방법입니다. ☐ 안에 알맞은 수를 써넣으시오.

(1) $\frac{2}{3} \div \frac{4}{7} = \frac{2 \times 7}{3 \times 7} \div \frac{4 \times 3}{7 \times 3} = \frac{\square}{21} \div \frac{\square}{21} = \square \div \square$

(2) $\frac{3}{4} \div \frac{5}{8} = \frac{3 \times \square}{4 \times 8} \div \frac{5 \times \square}{8 \times 4} = \frac{\square}{32} \div \frac{\square}{32} = \square \div \square$

2 최소공배수를 이용하여 통분하는 방법입니다. ☐ 안에 알맞은 수를 써넣으시오.

(1) $\frac{2}{3} \div \frac{5}{6} = \frac{2 \times 2}{3 \times 2} \div \frac{5}{6} = \frac{\square}{6} \div \frac{5}{6} = \square \div \square$

(2) $\frac{1}{6} \div \frac{7}{8} = \frac{1 \times \square}{6 \times 4} \div \frac{7 \times \square}{8 \times 3} = \frac{\square}{24} \div \frac{\square}{24} = \square \div \square$

3 ☐ 안에 알맞은 수를 써넣으시오.

(1) $3 \div \frac{3}{5} = 3 \times \frac{\square}{\square}$

(2) $5 \div \frac{5}{7} = 5 \times \frac{\square}{\square}$

(3) $4 \div \frac{8}{9} = 4 \times \frac{\square}{\square} = \frac{\square}{2} = \square\frac{\square}{\square}$

(4) $6 \div \frac{4}{9} = 6 \times \frac{\square}{\square} = \frac{\square}{2} = \square\frac{\square}{\square}$

4 ☐ 안에 알맞은 수를 써넣으시오.

(1) $\frac{1}{2} \div \frac{2}{3} = \frac{1}{2} \times \frac{\square}{\square}$

(2) $\frac{4}{5} \div \frac{4}{7} = \frac{4}{5} \times \frac{\square}{\square}$

(3) $\frac{3}{4} \div \frac{5}{6} = \frac{3}{4} \times \frac{\square}{\square} = \frac{\square}{10}$

(4) $\frac{5}{6} \div \frac{3}{8} = \frac{5}{6} \times \frac{\square}{\square} = \frac{\square}{9} = \square\frac{\square}{\square}$

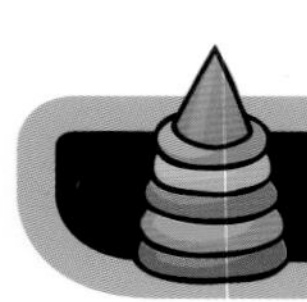

기본문제 배운 개념 적용하기

1 $2\div\frac{1}{4}$을 2가지 방법으로 계산하려고 합니다. □ 안에 알맞은 수를 써넣으시오.

(1) 통분하기 : $2\div\frac{1}{4}=\frac{\square}{4}\div\frac{1}{4}=\square\div1=\square$

(2) 역수 곱하기 : $2\div\frac{1}{4}=2\times\square=\square$

2 $10\div\frac{5}{7}$를 다음 2가지 방법으로 계산하려고 합니다. □ 안에 알맞은 수를 써넣으시오.

방법1 $\bigstar\div\frac{\bigcirc}{\square}=(\bigstar\div\bigcirc)\times\square$

방법2 $\bigstar\div\frac{\bigcirc}{\square}=(\bigstar\times\square)\div\bigcirc$

방법1 $10\div\frac{5}{7}=(\square\div\square)\times\square=\square$

방법2 $10\div\frac{5}{7}=(\square\times\square)\div\square=\square$

3 □ 안에 알맞은 수를 써넣으시오.

(1) $\frac{1}{3}\div\frac{3}{4}=\left(\frac{1}{3}\div3\right)\times4=\frac{1}{3}\times\frac{1}{3}\times4=\frac{1}{3}\times\frac{4}{3}=\frac{\square}{\square}$

(2) $\frac{3}{4}\div\frac{6}{7}=\left(\frac{3}{4}\div\square\right)\times\square=\frac{3}{4}\times\frac{1}{\square}\times\square=\frac{3}{4}\times\frac{\square}{\square}=\frac{\square}{\square}$

(3) $\frac{3}{8}\div\frac{5}{11}=\left(\frac{3}{8}\div\square\right)\times\square=\frac{3}{8}\times\frac{1}{\square}\times\square=\frac{3}{8}\times\frac{\square}{\square}=\frac{\square}{\square}$

정답/풀이 ➞ 30쪽

4 $\frac{3}{4} \div \frac{5}{12}$를 다음 3가지 방법으로 계산하려고 합니다. □ 안에 알맞은 수를 써넣으시오.

(1) 분모의 곱으로 통분하기 : $\frac{3}{4} \div \frac{5}{12} = \frac{\square}{48} \div \frac{\square}{48} = \square\frac{\square}{\square}$

(2) 최소공배수로 통분하기 : $\frac{3}{4} \div \frac{5}{12} = \frac{\square}{12} \div \frac{5}{12} = \frac{\square}{5} = \square\frac{\square}{\square}$

(3) 분수의 곱셈으로 계산하기 : $\frac{3}{4} \div \frac{5}{12} = \frac{3}{4} \times \frac{\square}{\square} = \frac{9}{\square} = \square\frac{\square}{\square}$

5 보기를 이용하여 □ 안에 알맞은 수를 써넣으시오.

$$\frac{★}{△} \div \frac{○}{□} = \frac{★}{△} \times \frac{□}{○}$$

(1) $\frac{5}{6} \div \frac{1}{3} = \frac{5}{6} \times \frac{3}{1} = \frac{5 \times 3}{6 \times 1} = \frac{\square}{2} = \square\frac{\square}{\square}$

(2) $\frac{4}{9} \div \frac{2}{3} = \frac{4}{9} \times \frac{\square}{\square} = \frac{\square}{3}$

(3) $\frac{5}{12} \div \frac{3}{4} = \frac{\square}{\square} \times \frac{\square}{\square} = \frac{5}{\square}$

6 ㉠, ㉡, ㉢에 알맞은 수의 합을 구하시오. (단, $\frac{㉠}{㉡}$은 기약분수입니다.)

$$\frac{4}{5} \div \frac{2}{3} = \frac{4}{5} \times \frac{㉠}{㉡} = \frac{㉢}{5}$$

(　　　　　　　　)

7 다음을 계산하시오.

(1) $\frac{2}{3} \div \frac{1}{2}$

(2) $\frac{3}{5} \div \frac{2}{7}$

(3) $\frac{5}{6} \div \frac{3}{4}$

(4) $\frac{8}{9} \div \frac{4}{7}$

발전문제 배운 개념 응용하기

1 (분수)÷(분수)를 분수의 곱셈으로 바꾸어 계산하려고 합니다. □ 안에 알맞은 수를 써넣으시오.

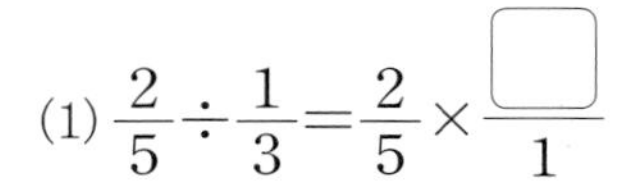

(1) $\frac{2}{5} \div \frac{1}{3} = \frac{2}{5} \times \frac{\square}{1}$

(2) $\frac{3}{5} \div \frac{4}{7} = \frac{3}{5} \times \frac{\square}{4}$

(3) $\frac{2}{7} \div \frac{6}{7} = \frac{2}{7} \times \frac{\square}{\square}$

(4) $\frac{5}{9} \div \frac{5}{6} = \frac{5}{9} \times \frac{\square}{\square}$

2 (분수)÷(분수)를 분수의 곱셈으로 바꾸어 계산하는 과정의 일부입니다. □ 안에 알맞은 수를 써넣으시오.

$$\frac{2}{3} \div \frac{5}{9} = \frac{2}{3} \times \frac{1}{\square} \times \square$$

3 $\frac{3}{8} \div \frac{3}{4}$을 분수의 곱셈으로 잘못 나타낸 것에 ×표 하시오.

$\frac{3}{8} \times \frac{1}{4} \times 3$	$\frac{3}{8} \times \frac{4}{3}$
(　　　　)	(　　　　)

4 $\frac{3}{7} \div \frac{3}{4}$의 몫과 계산 결과가 같은 식의 기호를 모두 쓰시오.

㉠ $\frac{1}{7} \div \frac{1}{4}$　　㉡ $\frac{3}{7} \times \frac{4}{3}$　　㉢ $\frac{5}{14} \div \frac{15}{8}$

(　　　　　　　　)

정답/풀이 → 31쪽

5 다음을 계산하시오.

(1) $\frac{3}{5} \div \frac{1}{4}$

(2) $\frac{2}{5} \div \frac{3}{4}$

(3) $\frac{5}{11} \div \frac{3}{11}$

(4) $\frac{9}{14} \div \frac{7}{12}$

6 계산 결과의 크기를 비교하여 ◯ 안에 >, =, < 중에서 알맞은 것을 써넣으시오.

$\frac{5}{8} \div \frac{7}{16}$ ◯ $\frac{4}{5} \div \frac{7}{10}$

7 계산 결과가 큰 것부터 차례대로 기호를 쓰시오.

㉠ $\frac{5}{8} \div \frac{5}{6}$　㉡ $\frac{3}{5} \div \frac{3}{10}$　㉢ $\frac{8}{13} \div \frac{5}{13}$

(　　　　　　　　)

8 크기가 같은 분수끼리 선을 그어 연결하시오..

$\frac{4}{9} \div \frac{5}{9}$ •	• $\frac{1}{4} \div \frac{2}{9}$
$\frac{3}{4} \div \frac{2}{3}$ •	• $\frac{5}{8} \div \frac{3}{16}$
$\frac{5}{7} \div \frac{3}{14}$ •	• $\frac{3}{5} \div \frac{3}{4}$

9 □ 안에 들어갈 수 있는 가장 작은 자연수를 구하시오.

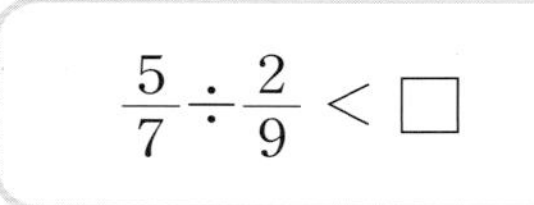

( )

10 어떤 분수에 $\frac{9}{10}$를 곱했더니 $\frac{6}{7}$이 되었습니다. 어떤 분수를 구하시오.

( )

11 어떤 수를 $\frac{5}{11}$로 나누어야 할 것을 잘못하여 $\frac{5}{11}$를 곱했더니 $\frac{35}{88}$가 되었습니다. 바르게 계산한 값을 구하시오.

( )

12 넓이가 $\frac{5}{16}$ cm^2인 평행사변형이 있습니다. 밑변의 길이가 $\frac{3}{4}$ cm일 때, 높이는 몇 cm인지 구하시오.

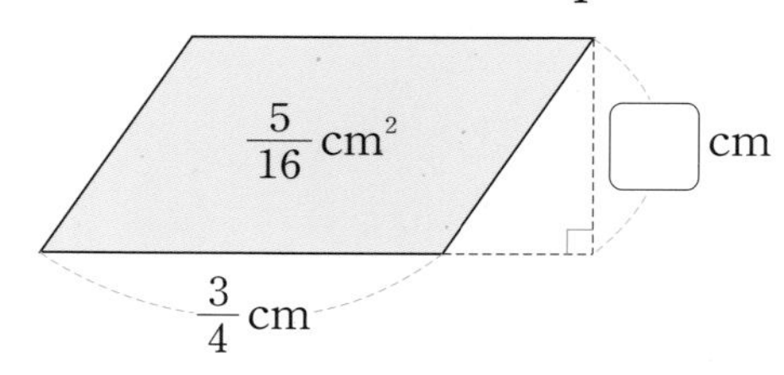

정답/풀이 ➡ 32쪽

서술형

13

$\frac{2}{3}$L짜리 우유가 있습니다. 이 우유를 한 사람당 $\frac{1}{6}$L씩 나누어 마신다면 모두 몇 명이 마실 수 있는지 구하시오.

정답 ○ ____________ 명

풀이 과정 ○ ____________

서술형

14

철수가 가진 나무막대 $\frac{2}{5}$m의 무게가 $\frac{3}{7}$kg입니다. 이 나무막대 1m의 무게는 몇 kg인지 구하시오.

정답 ○ ____________ kg

풀이 과정 ○ ____________

서술형

15

상현이는 15분 동안 $\frac{5}{7}$km를 걸었습니다. 상현이가 같은 빠르기로 걷는다면 1시간 동안 몇 km를 걸을 수 있는지 구하시오.

정답 ○ ____________ km

풀이 과정 ○ ____________

서술형

16

서정이네 가족은 자동차에 5,000원만큼 휘발유를 넣고 몇 km를 갈 수 있는지 구하시오.

- 휘발유 $\frac{2}{9}$L로 $\frac{5}{7}$km를 가는 자동차가 있습니다.
- 서정이는 현재 5,000원이 있습니다.
- 주유소에서 휘발유를 1L당 1,500원에 팔고 있습니다.

정답 ○ ____________ km

풀이 과정 ○ ____________

여러 가지 분수의 나눗셈

1 (자연수)÷(분수)의 계산

• 나눗셈을 곱셈으로 바꾸고 나누는 분수의 분모와 분자를 바꾸어 계산합니다.

➡ $4\div\frac{4}{7}=\cancel{4}^{1}\times\frac{7}{\cancel{4}_{1}}=7$

2 (가분수)÷(분수)의 계산

• 통분하여 분모를 같게 한 후 분자끼리 나눗셈으로 계산합니다.

➡ $\frac{5}{4}\div\frac{3}{8}=\frac{5\times2}{4\times2}\div\frac{3}{8}=\frac{10}{8}\div\frac{3}{8}=10\div3=\frac{10}{3}=3\frac{1}{3}$

• 나눗셈을 곱셈으로 바꾸고 나누는 분수의 분모와 분자를 바꾸어 계산합니다.

➡ $\frac{5}{4}\div\frac{3}{8}=\frac{5}{\cancel{4}_{1}}\times\frac{\cancel{8}^{2}}{3}=\frac{10}{3}=3\frac{1}{3}$

3 (대분수)÷(분수)의 계산

• 대분수를 가분수로 나타내고 통분하여 분모를 같게 한 후 분자끼리 나눗셈으로 계산합니다.

➡ $2\frac{1}{3}\div\frac{5}{6}=\frac{7}{3}\div\frac{5}{6}=\frac{7\times2}{3\times2}\div\frac{5}{6}=\frac{14}{6}\div\frac{5}{6}=14\div5=\frac{14}{5}=2\frac{4}{5}$

• 대분수를 가분수로 나타내고 분수의 곱셈으로 바꾸어 계산합니다.

➡ $2\frac{1}{3}\div\frac{5}{6}=\frac{7}{3}\div\frac{5}{6}=\frac{7}{\cancel{3}_{1}}\times\frac{\cancel{6}^{2}}{5}=\frac{14}{5}=2\frac{4}{5}$

4 (분수)÷(분수)÷(분수)의 계산

• 분수의 곱셈으로 바꾸어 계산합니다.

➡ $\left(\frac{3}{4}\div1\frac{1}{4}\right)\div1\frac{2}{3}=\left(\frac{3}{4}\div\frac{5}{4}\right)\div\frac{5}{3}=\left(\frac{3}{\cancel{4}_{1}}\times\frac{\cancel{4}^{1}}{5}\right)\times\frac{3}{5}=\frac{3}{5}\times\frac{3}{5}=\frac{9}{25}$

1 대분수는 자연수와 진분수의 합으로 계산할 때 다루기가 불편하므로 가분수로 바꾸어 계산하는 것이 좋습니다.

$2\frac{1}{3}\div\frac{5}{6}$

$=\frac{7}{3}\div\frac{5}{6}$

$=\frac{7}{\cancel{3}_{1}}\times\frac{\cancel{6}^{2}}{5}$

$=\frac{14}{5}=2\frac{4}{5}$

2 $2\frac{1}{3}\div\frac{5}{6}$

$=\left(2+\frac{1}{3}\right)\div\frac{5}{6}$

$=\left(2\div\frac{5}{6}\right)+\left(\frac{1}{3}\div\frac{5}{6}\right)$

$=\left(2\times\frac{6}{5}\right)+\left(\frac{1}{\cancel{3}_{1}}\times\frac{\cancel{6}^{2}}{5}\right)$

$=\frac{12}{5}+\frac{2}{5}=\frac{14}{5}$

$=2\frac{4}{5}$

깊은생각

• (대분수)÷(분수)를 계산할 때 자연수를 제외하고 분수의 나눗셈만 계산하는 경우가 많아요. 대분수를 자연수와 진분수로 분리하여 모두 계산해야 합니다.

$3\frac{5}{6}\div\frac{7}{12}=3\frac{5}{\cancel{6}_{1}}\times\frac{\cancel{12}^{2}}{7}=3\frac{10}{7}=3+1\frac{3}{7}=4\frac{3}{7}$ (×)

$3\frac{5}{6}\div\frac{7}{12}=\left(3+\frac{5}{6}\right)\div\frac{7}{12}=\left(3\div\frac{7}{12}\right)+\left(\frac{5}{6}\div\frac{7}{12}\right)=\left(3\times\frac{12}{7}\right)+\left(\frac{5}{\cancel{6}_{1}}\times\frac{\cancel{12}^{2}}{7}\right)=\frac{36}{7}+\frac{10}{7}=\frac{46}{7}=6\frac{4}{7}$ (○)

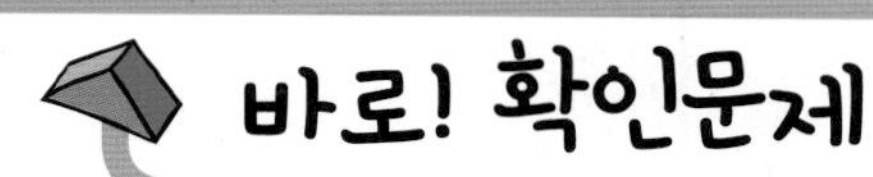

바로! 확인문제

정답/풀이 → 33쪽

1 (자연수)÷(분수)의 계산 과정입니다. □ 안에 알맞은 수를 써넣으시오.

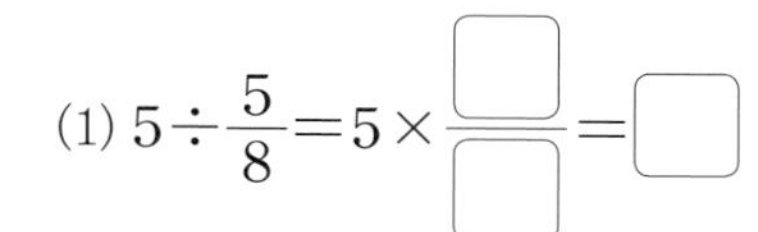

(1) $5\div\frac{5}{8}=5\times\frac{\square}{\square}=\square$

(2) $6\div\frac{8}{9}=6\times\frac{\square}{\square}=\square\frac{\square}{\square}$

(3) $7\div\frac{4}{5}=7\times\frac{\square}{\square}=\square\frac{\square}{\square}$

(4) $8\div\frac{4}{7}=8\times\frac{\square}{\square}=\square$

2 (가분수)÷(분수)의 계산 과정입니다. □ 안에 알맞은 수를 써넣으시오.

(1) $\frac{4}{3}\div\frac{4}{7}=\frac{4\times7}{3\times7}\div\frac{4\times\square}{7\times\square}=\frac{\square}{21}\div\frac{\square}{21}=\square\div\square$

(2) $\frac{4}{3}\div\frac{4}{7}=\frac{4}{3}\times\frac{\square}{\square}$

3 (대분수)÷(분수)의 계산 과정입니다. □ 안에 알맞은 수를 써넣으시오.

(1) $1\frac{3}{7}\div\frac{5}{9}=\frac{\square}{7}\div\frac{5}{9}=\frac{\square\times9}{7\times9}\div\frac{5\times\square}{9\times7}=\frac{\square}{63}\div\frac{\square}{63}$

(2) $1\frac{3}{7}\div\frac{5}{9}=\frac{\square}{7}\div\frac{5}{9}=\frac{\square}{7}\times\frac{\square}{\square}$

4 □ 안에 알맞은 수를 써넣으시오.

(1) $\left(8\div\frac{4}{5}\right)\div1\frac{3}{10}=\left(8\times\frac{\square}{\square}\right)\div\frac{\square}{\square}=\left(8\times\frac{\square}{\square}\right)\times\frac{\square}{\square}$

(2) $\left(2\frac{2}{3}\div2\frac{1}{2}\right)\div1\frac{1}{3}=\left(\frac{8}{3}\times\frac{\square}{\square}\right)\div\frac{\square}{\square}=\left(\frac{8}{3}\times\frac{\square}{\square}\right)\times\frac{\square}{\square}$

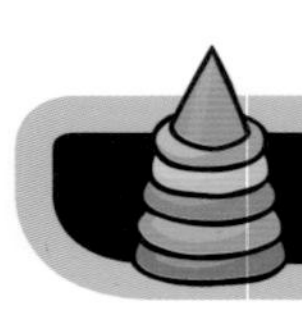

기본문제 배운 개념 적용하기

1 (자연수)÷(자연수), (자연수)÷(단위분수)를 분수의 곱셈으로 바꾸어 계산하려고 합니다. □ 안에 알맞은 수를 써넣으시오.

(1) $2\div5=2\times\frac{\square}{5}$

(2) $4\div7=4\times\frac{1}{\square}$

(3) $7\div\frac{1}{9}=7\times\square$

(4) $10\div\frac{1}{8}=10\times\square$

2 (자연수)÷(진분수)를 분수의 곱셈으로 바꾸어 계산하려고 합니다. □ 안에 알맞은 수를 써넣으시오.

(1) $2\div\frac{2}{3}=2\times\frac{\square}{\square}$

(2) $6\div\frac{4}{5}=6\times\frac{\square}{\square}$

(3) $9\div\frac{3}{5}=9\times\frac{\square}{\square}$

(4) $12\div\frac{5}{6}=12\times\frac{\square}{\square}$

3 (가분수)÷(분수)를 분수의 곱셈으로 바꾸어 계산하려고 합니다. □ 안에 알맞은 수를 써넣으시오.

(1) $\frac{5}{2}\div\frac{3}{4}=\frac{5}{2}\times\frac{\square}{\square}$

(2) $\frac{7}{3}\div\frac{7}{8}=\frac{7}{3}\times\frac{\square}{\square}$

(3) $\frac{5}{4}\div\frac{5}{12}=\frac{5}{4}\times\frac{\square}{\square}$

(4) $\frac{13}{10}\div\frac{5}{8}=\frac{13}{10}\times\frac{\square}{\square}$

4 다음을 계산하시오.

(1) $7\div\frac{5}{6}$

(2) $8\div\frac{9}{10}$

(3) $\frac{6}{5}\div\frac{3}{8}$

(4) $\frac{9}{4}\div\frac{3}{10}$

정답/풀이 → 34쪽

5 (대분수)÷(분수)를 분수의 곱셈으로 바꾸어 계산하려고 합니다. ▢ 안에 알맞은 수를 써넣으시오.

(1) $3\frac{1}{2}\div\frac{7}{8}=\frac{\square}{2}\times\frac{\square}{\square}$

(2) $2\frac{3}{4}\div\frac{11}{14}=\frac{\square}{4}\times\frac{\square}{\square}$

(3) $1\frac{2}{3}\div\frac{5}{6}=\frac{\square}{\square}\times\frac{\square}{\square}$

(4) $4\frac{1}{5}\div\frac{7}{15}=\frac{\square}{\square}\times\frac{\square}{\square}$

6 (대분수)÷(대분수)를 분수의 곱셈으로 바꾸어 계산하려고 합니다. ▢ 안에 알맞은 수를 써넣으시오.

(1) $2\frac{3}{4}\div3\frac{2}{3}=\frac{\square}{4}\times\frac{\square}{\square}$

(2) $3\frac{2}{3}\div2\frac{1}{6}=\frac{\square}{3}\times\frac{\square}{\square}$

(3) $3\frac{5}{7}\div1\frac{4}{9}=\frac{\square}{\square}\times\frac{\square}{\square}$

(4) $1\frac{8}{9}\div2\frac{5}{6}=\frac{\square}{\square}\times\frac{\square}{\square}$

7 다음을 계산하시오.

(1) $1\frac{1}{9}\div\frac{5}{7}$

(2) $5\frac{2}{3}\div\frac{8}{15}$

(3) $2\frac{2}{5}\div1\frac{5}{7}$

(4) $1\frac{7}{9}\div1\frac{3}{5}$

8 다음을 계산하시오.

(1) $4\div\frac{1}{3}\div\frac{12}{13}$

(2) $1\frac{3}{7}\div\frac{15}{16}\div\frac{2}{3}$

(3) $2\frac{1}{7}\div\frac{12}{7}\div10$

(4) $1\frac{1}{3}\div1\frac{1}{4}\div1\frac{1}{5}$

1 분수의 나눗셈을 분수의 곱셈으로 바르게 바꾼 것에 ○표 하시오.

$4 \div \frac{5}{6} = 4 \times \frac{6}{5}$　　　$4 \div \frac{5}{6} = 4 \times \frac{5}{6}$

(　　　　)　　　(　　　　)

2 □ 안에 알맞은 수를 써넣으시오.

$3 \div \frac{2}{7} = 3 \times \frac{\square}{2} = \frac{\square}{2} = \square\frac{\square}{\square}$

3 $\frac{2}{5} \div \frac{3}{10}$의 몫과 계산 결과가 같은 식의 기호를 모두 쓰시오.

㉠ $\frac{1}{3} \div \frac{1}{4}$　　㉡ $\frac{2}{3} \div \frac{1}{2}$　　㉢ $\frac{1}{2} \div \frac{2}{3}$

(　　　　　　　　)

4 두 분수를 통분하여 나눗셈을 계산하시오.

(1) $\frac{7}{4} \div \frac{5}{8}$

(2) $\frac{8}{3} \div \frac{5}{6}$

(3) $\frac{11}{4} \div \frac{5}{6}$

(4) $\frac{17}{8} \div \frac{1}{6}$

정답/풀이 ➞ 35쪽

5 두 분수를 통분하여 나눗셈을 계산하시오.

(1) $2\frac{2}{3} \div \frac{8}{9}$

(2) $3\frac{4}{7} \div \frac{5}{14}$

(3) $1\frac{1}{6} \div \frac{3}{4}$

(4) $2\frac{1}{6} \div \frac{3}{8}$

6 분수의 나눗셈을 곱셈으로 바꾸어 계산하시오.

(1) $3\frac{1}{5} \div \frac{6}{7}$

(2) $1\frac{1}{9} \div \frac{5}{8}$

(3) $7\frac{1}{2} \div \frac{3}{5}$

(4) $1\frac{7}{8} \div \frac{5}{9}$

7 나눗셈의 몫이 가장 큰 식의 기호를 쓰시오.

㉠ $1\frac{2}{3} \div \frac{1}{3}$	㉡ $1\frac{2}{3} \div \frac{1}{5}$	㉢ $1\frac{2}{3} \div \frac{1}{7}$

(　　　　　　　　)

8 계산 결과가 가장 큰 것에 ○표 하시오.

$\frac{5}{3} \div \frac{3}{7}$	$\frac{2}{9} \div \frac{1}{17}$	$\frac{2}{3} \div \frac{2}{11}$
(　　)	(　　)	(　　)

9 □ 안에 들어갈 기약분수를 구하시오.

$$\frac{8}{15} \times \square = \frac{4}{21}$$

(　　　　　　　)

10 빈칸에 알맞은 기약분수를 써넣으시오.

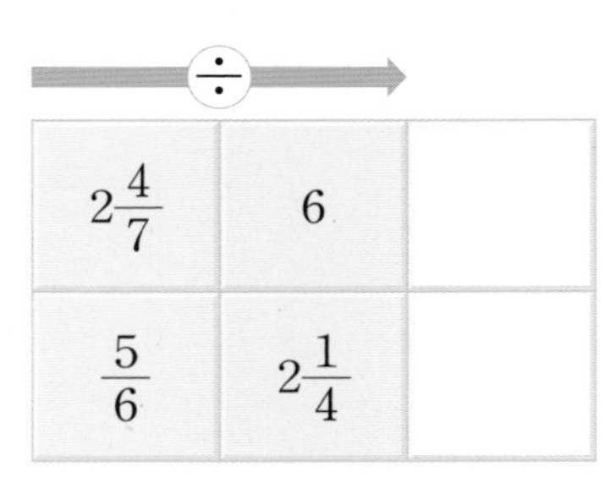

$2\frac{4}{7}$	6	
$\frac{5}{6}$	$2\frac{1}{4}$	

11 □ 안에 들어갈 수 있는 자연수는 모두 몇 개인지 구하시오.

$$16 \div \frac{4}{5} < \square < 2\frac{2}{3} \div \frac{1}{9}$$

(　　　　　　　)개

12 직사각형 모양인 꽃밭의 가로의 길이는 $1\frac{1}{9}$ m이고 세로의 길이는 $\frac{5}{8}$ m입니다. 이 꽃밭의 가로의 길이는 세로의 길이의 몇 배인지 구하시오.

(　　　　　　　)배

정답/풀이 → 36쪽

서술형
13

□ 안에 들어갈 수 있는 가장 작은 자연수를 구하시오.

$$\frac{\square}{17} > 3\frac{4}{7} \div \frac{5}{14}$$

정답 ○ ____________

풀이 과정 ○ ____________

서술형
14

어떤 수에 $\frac{5}{8}$를 곱했더니 $2\frac{1}{7}$이 되었습니다. 어떤 수를 $\frac{5}{7}$로 나눈 몫은 얼마인지 구하시오.

정답 ○ ____________

풀이 과정 ○ ____________

서술형
15

주스 $2\frac{2}{5}$ L를 1명당 $\frac{3}{8}$ L씩 나누어준다면 모두 몇 명에게 나누어줄 수 있는지 구하시오.

정답 ○ ____________ 명

풀이 과정 ○ ____________

서술형
16

다음 세 자동차 중에서 연비가 가장 큰 자동차를 구하시오. (단, 연비는 자동차가 1 L의 연료로 달릴 수 있는 거리입니다.)

- A자동차 : 휘발유 $\frac{4}{5}$ L로 $6\frac{2}{5}$ km를 갈 수 있다.
- B자동차 : 휘발유 $\frac{2}{3}$ L로 $4\frac{4}{5}$ km를 갈 수 있다.
- C자동차 : 휘발유 $\frac{2}{3}$ L로 $5\frac{2}{3}$ km를 갈 수 있다.

정답 ○ ____________ 자동차

풀이 과정 ○ ____________

단원 총정리

1 분모가 같은 (분수)÷(분수)의 계산

• 분모가 같은 (분수)÷(분수)의 계산은 분자끼리 나누는 것과 같습니다.

$$\frac{○}{□}÷\frac{★}{□}=\frac{○÷★}{□}$$

➡ $\frac{6}{7}÷\frac{2}{7}=6÷2=3$

2 분모가 다른 (분수)÷(분수)의 계산

• 분모가 다른 분수의 나눗셈은 통분하여 분모를 같게 한 다음 분자끼리 나누는 것과 같습니다.

➡ $\frac{3}{4}÷\frac{2}{3}=\frac{3×3}{4×3}÷\frac{2×4}{3×4}=\frac{9}{12}÷\frac{8}{12}=9÷8=\frac{9}{8}=1\frac{1}{8}$

➡ $\frac{5}{6}÷\frac{3}{4}=\frac{5×2}{6×2}÷\frac{3×3}{4×3}=\frac{10}{12}÷\frac{9}{12}=10÷9=\frac{10}{9}=1\frac{1}{9}$

3 (자연수)÷(단위분수), (자연수)÷(분수)의 계산

• (자연수)÷(단위분수)의 계산은 나눗셈을 곱셈으로 바꾸고 단위분수의 분모와 분자를 바꾸어 계산할 수 있습니다.

$$★÷\frac{1}{□}=★×\frac{□}{1}$$

➡ $2÷\frac{1}{4}=2×\frac{4}{1}=8$

• (자연수)÷(분수)의 계산은 나눗셈을 곱셈으로 바꾸고 분수의 분모와 분자를 바꾸어 계산할 수 있습니다.

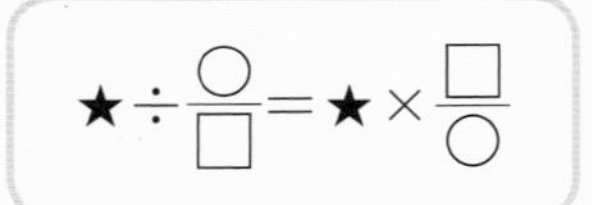

➡ $2÷\frac{3}{4}=2×\frac{4}{3}=\frac{8}{3}=2\frac{2}{3}$

4 (분수)÷(분수)를 (분수)×(분수)로 계산하기

• (분수)÷(분수)의 계산은 나눗셈을 곱셈으로 바꾸고 나누는 분수의 분모와 분자를 바꾸어 계산할 수 있습니다.

$$\frac{★}{△}÷\frac{○}{□}=\frac{★}{△}×\frac{□}{○}$$

➡ $\frac{5}{4}÷\frac{3}{8}=\frac{5}{\cancel{4}_1}×\frac{\cancel{8}^2}{3}=\frac{10}{3}=3\frac{1}{3}$

5 (대분수)÷(분수)의 계산

• 대분수를 가분수로 나타내고 분수의 곱셈으로 바꾸어 계산합니다.

➡ $2\frac{1}{3}÷\frac{5}{6}=\frac{7}{3}÷\frac{5}{6}=\frac{7}{\cancel{3}_1}×\frac{\cancel{6}^2}{5}=\frac{14}{5}=2\frac{4}{5}$

---

1 통분하는 방법은 2가지가 있습니다.
(1) 분모의 곱으로 통분하기
(2) 최소공배수로 통분하기

2 (자연수)÷(분수)는 다음 3가지 방법을 이용하여 계산할 수 있습니다.
(1) $★÷\frac{○}{□}$
$=★×\frac{□}{○}$
(2) $★÷\frac{○}{□}$
$=★÷○×□$
(3) $★÷\frac{○}{□}$
$=★×□÷○$

3 역수를 이용하면 분수의 나눗셈 계산이 쉬워집니다.
(1) □의 역수는 □가 0이 아닐 때 □×○=1이 되는 ○를 말합니다.
(2) '서로 곱하여 1이 되는 수'를 말합니다.
(3) 분수의 역수는 분모와 분자를 바꾸어주면 됩니다.

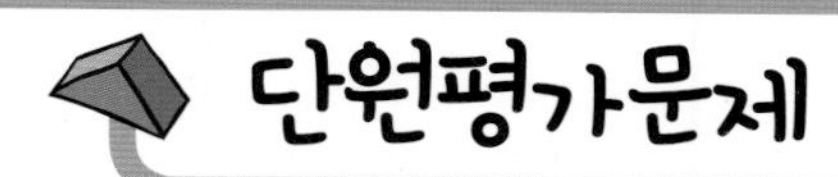

단원평가문제

정답/풀이 ➜ 37쪽

1 다음 그림을 보고, □ 안에 알맞은 수를 써넣으시오.

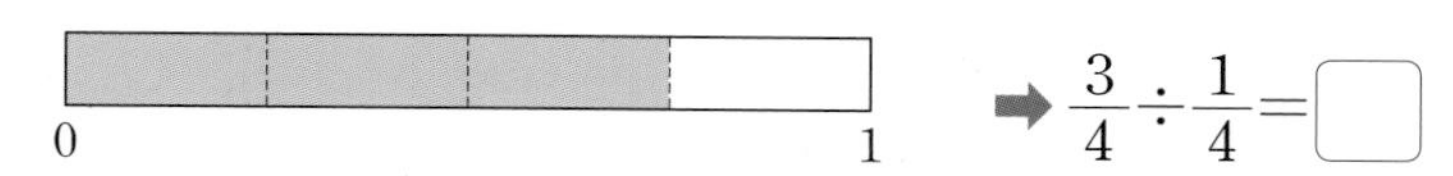

➜ $\frac{3}{4} \div \frac{1}{4} = \square$

2 $\frac{8}{9}$을 그림에 색칠하여 나타내고, $\frac{8}{9}$은 $\frac{2}{9}$가 몇 개인지 구하시오.

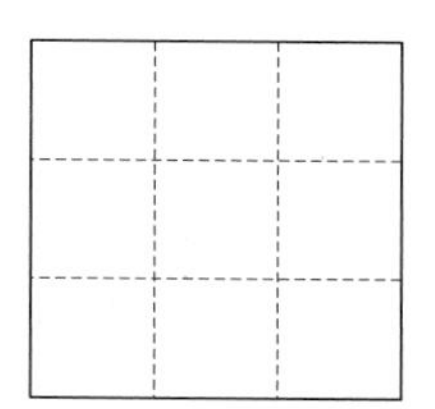

( )개

3 리본끈 $\frac{12}{13}$ m를 한 사람에게 $\frac{3}{13}$ m씩 나누어 준다면 몇 명에게 나누어줄 수 있는지 구하시오.

( )명

4 나눗셈의 몫이 가장 큰 식의 기호를 쓰시오.

㉠ $\frac{4}{7} \div \frac{3}{7}$ ㉡ $\frac{4}{5} \div \frac{7}{10}$ ㉢ $\frac{10}{11} \div \frac{9}{11}$

( )

5 크기가 같은 분수끼리 선을 그어 연결하시오.

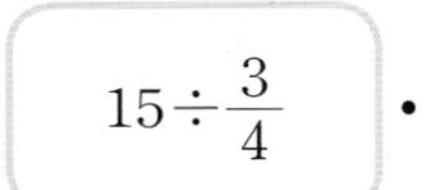

$15 \div \frac{3}{4}$ •

• 22

$18 \div \frac{9}{11}$ • • 21

$6 \div \frac{2}{7}$ • • 20

6 빈칸에 알맞은 분수를 써넣으시오.

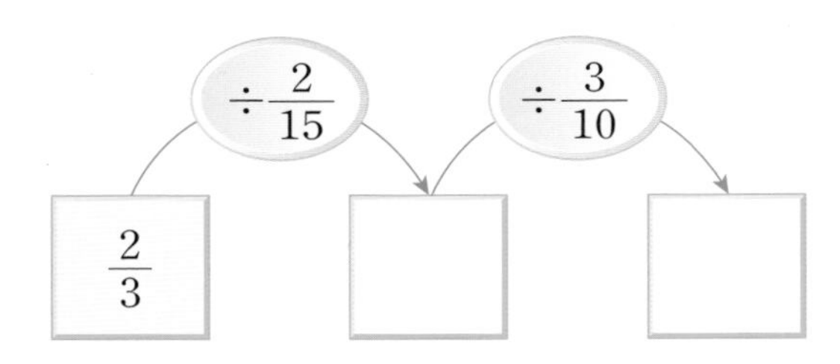

7 보기를 이용하여 $6 \div \frac{4}{7}$를 계산하시오.

$○ \div \frac{★}{□} = (○ \div ★) \times □$

( )

8 길이가 $6\,\mathrm{m}$인 리본을 $\frac{2}{5}\,\mathrm{m}$씩 잘라 선물을 포장한다면, 포장할 수 있는 선물은 모두 몇 개인지 구하시오.

( )개

정답/풀이 ➔ 37쪽

9 □ 안에 들어갈 수 있는 가장 큰 자연수를 구하시오.

$$\frac{13}{16} \div \frac{1}{4} > \square$$

(　　　　　　　　　　)

10 그림과 같이 가로의 길이가 $\frac{7}{10}$ cm인 직사각형의 넓이가 $\frac{4}{5}$ cm²일 때, 세로의 길이는 몇 cm인지 구하시오.

$\frac{7}{10}$ cm

$\frac{4}{5}$ cm²

(　　　　　　　　　　) cm

11 □ 안에 알맞은 수를 써넣으시오.

$$\frac{6}{7} \div \frac{7}{9} = \frac{54}{\square} \div \frac{\square}{63} = 54 \div \square = \square\frac{\square}{\square}$$

12 빈칸에 알맞은 수를 써넣으시오.

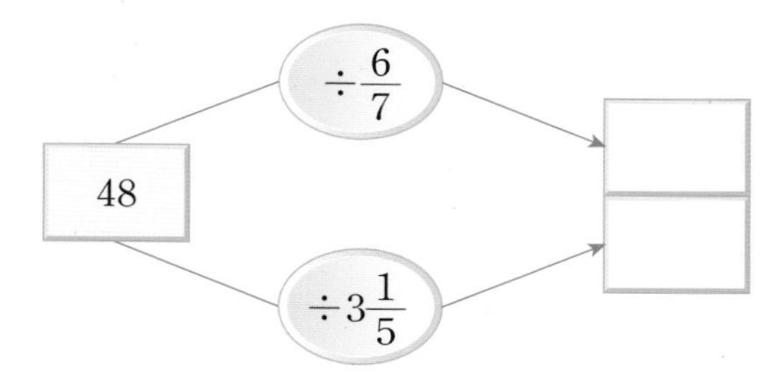

13 넓이가 $12\frac{1}{2}\text{cm}^2$인 평행사변형이 있습니다. 이 평행사변형의 밑변의 길이가 $2\frac{1}{2}\text{cm}$일 때, 높이는 몇 cm인지 구하시오.

( )cm

14 어떤 분수에 $\frac{7}{9}$을 곱했더니 $2\frac{4}{5}$가 되었습니다. 어떤 분수를 구하시오.

( )

15 다음 분수 중 2개를 골라 계산 결과가 가장 큰 나눗셈식을 만들어 계산하시오.

$1\frac{3}{4}$ $\frac{5}{6}$ $\frac{3}{4}$ $2\frac{1}{3}$

( )

16 사회 교과서의 무게는 $\frac{2}{5}$kg, 과학 교과서의 무게는 $\frac{3}{10}$kg입니다. 사회 교과서의 무게는 과학 교과서의 무게의 몇 배인지 구하시오.

( )배

정답/풀이 ➡ 38쪽

17

$\frac{3}{10} \div \frac{2}{15}$를 다음 3가지 방법으로 계산하시오.

(1) 분모의 곱으로 통분하기 : $\frac{3}{10} \div \frac{2}{15} =$ ______

(2) 최소공배수로 통분하기 : $\frac{3}{10} \div \frac{2}{15} =$ ______

(3) 분수의 곱셈으로 계산하기 : $\frac{3}{10} \div \frac{2}{15} =$ ______

18

몫의 크기를 비교하여 ◯ 안에 >, =, < 중에서 알맞은 것을 써넣으시오.

$2\frac{2}{3} \div \frac{5}{6}$ ◯ $1\frac{3}{5} \div \frac{8}{17}$

19

다음 분수의 나눗셈에서 잘못 계산한 부분을 찾아 바르게 계산하시오.

$3\frac{4}{15} \div \frac{4}{9} = 3\frac{\overset{1}{\cancel{4}}}{\underset{5}{\cancel{15}}} \times \frac{\overset{3}{\cancel{9}}}{\underset{1}{\cancel{4}}} = 3\frac{3}{5}$

➡ $3\frac{4}{15} \div \frac{4}{9} =$ ______

20

가※나=(가÷나)×2일 때, 다음을 계산하시오.

$\frac{14}{9}$ ※ $1\frac{2}{5}$

(　　　　　　　　)

21 □ 안에 알맞은 기약분수를 구하시오.

$$2\frac{2}{5} \div \square = 5\frac{1}{5}$$

(　　　　　　　　)

22 다음을 계산하시오.

$$13\frac{1}{2} \div 3\frac{3}{8} \div \frac{2}{3}$$

(　　　　　　　　)

23 어떤 수를 $\frac{5}{6}$로 나누어야 할 것을 잘못하여 $\frac{5}{6}$를 곱하였더니 $\frac{5}{7}$가 되었습니다. 바르게 계산하면 얼마인지 구하시오.

(　　　　　　　　)

24 정국이가 장난감 비행기 한 대를 조립하는데 $\frac{2}{5}$시간이 걸립니다. 정국이가 6시간 동안 조립할 수 있는 장난감 비행기는 모두 몇 대인지 구하시오.

(　　　　　　　　)대

정답/풀이 ➔ 39쪽

서술형
25

수박 $2\frac{2}{3}$ kg의 가격이 16,000원일 때, 1 kg의 수박 3개를 사려면 얼마를 계산해야 하는지 구하시오.

정답 ____________ 원

풀이 과정 ____________

서술형
26

피자를 민정이는 전체의 $\frac{3}{8}$을 먹고, 소희는 전체의 $\frac{5}{12}$를 먹었습니다. 민정이가 먹은 피자의 양은 소희가 먹은 피자의 양의 몇 배인지 구하시오.

정답 ____________ 배

풀이 과정 ____________

서술형
27

떨어뜨린 높이의 $\frac{4}{5}$만큼 튀어올라오는 공이 있습니다. 이 공을 떨어뜨려 세 번째에 튀어오른 공의 높이가 $3\frac{1}{5}$ m일 때, 처음 떨어뜨린 공의 높이는 몇 m인지 구하시오.

정답 ____________ m

풀이 과정 ____________

서술형
28

다음은 일정한 규칙에 따라 수를 나열한 것입니다. ㉠, ㉡, ㉢에 들어갈 분수를 찾아 ㉠÷㉡×㉢의 값을 구하시오.

$\frac{1}{1000}$, $\frac{1}{500}$, ㉠, $\frac{1}{250}$, $\frac{1}{200}$, ㉡, ㉢, $\frac{1}{125}$, …

풀이 과정 ____________

MEMO

Never give up!

No pain, no gain!

현직 초등교사 안쌤이랑 공부하면 **'분수가 쉬워요!'**

쌤이랑 초등수학 분수잡기

저자 무료강의
YouTube
초등교사안쌤TV

6 학년

안상현 지음 | 고희권 기획

정답 및 해설

쏠티북스

현직 초등교사 안쌤이랑 공부하면 **'분수가 쉬워요!'**

쌤이랑 초등수학 분수잡기

저자 무료강의
You Tube
초등교사안쌤TV

6 학년

안상현 지음 | 고희권 기획

정답 및 해설

쏠티북스

(자연수)÷(자연수)

바로! 확인문제

본문 p. 11

1 (1) $1 \div 3 = \frac{1}{3}$

1을 3개로 나눈 것 중의 1개를 의미합니다.

(2) $1 \div 5 = \frac{1}{5}$

1을 5개로 나눈 것 중의 1개를 의미합니다.

2 (1) $\frac{3}{5}$은 $\frac{1}{5} \times 3$이므로 $\frac{1}{5}$이 3개입니다.

(2) $\frac{5}{4}$는 $\frac{1}{4} \times 5$이므로 $\frac{1}{4}$이 5개입니다.

3 (1) $1 \div 4 = \frac{1}{4}$이고 $3 \div 4$는 $\frac{1}{4}$이 3개이므로

$3 \div 4 = \frac{3}{4}$입니다.

(2) $1 \div 5 = \frac{1}{5}$이고 $4 \div 5$는 $\frac{1}{5}$이 4개이므로

$4 \div 5 = \frac{4}{5}$입니다.

4 $1 \div 2 = \frac{1}{2}$이고 $3 \div 2$는 $\frac{1}{2}$이 3개이므로

$3 \div 2 = \frac{3}{2} = 1\frac{1}{2}$입니다.

본문 p. 12

기본문제 배운 개념 적용하기

1 (1) 1을 2개로 나눈 것 중의 1개이므로 $\frac{1}{2}$입니다.

(2) 1을 3개로 나눈 것 중의 1개이므로 $\frac{1}{3}$입니다.

(3) 1을 4개로 나눈 것 중의 1개이므로 $\frac{1}{4}$입니다.

2 (1)

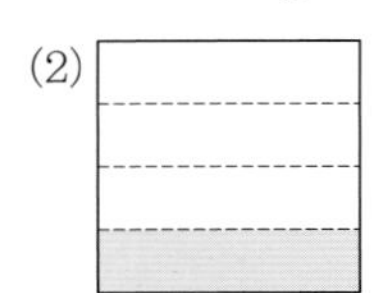

1을 3개로 나눈 것 중의 1개이므로

$1 \div 3 = \frac{1}{3}$입니다.

(2)

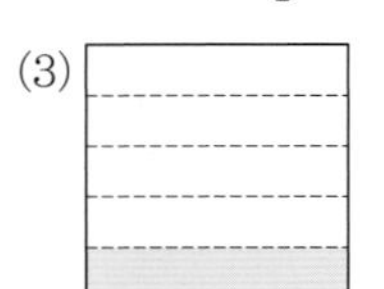

1을 4개로 나눈 것 중의 1개이므로

$1 \div 4 = \frac{1}{4}$입니다.

(3)

1을 5개로 나눈 것 중의 1개이므로

$1 \div 5 = \frac{1}{5}$입니다.

3 (1) $1 \div 6 = \frac{1}{6}$

(2) $1 \div 9 = \frac{1}{9}$

(3) $1 \div 12 = \frac{1}{12}$

(4) $1 \div 15 = \frac{1}{15}$

4 (1)

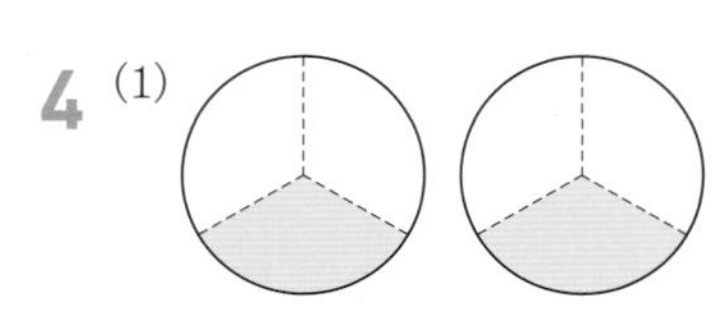

$1 \div 3 = \frac{1}{3}$이고 $2 \div 3$은 $\frac{1}{3}$이 2개이므로

$2 \div 3 = \frac{2}{3}$입니다.

(2)

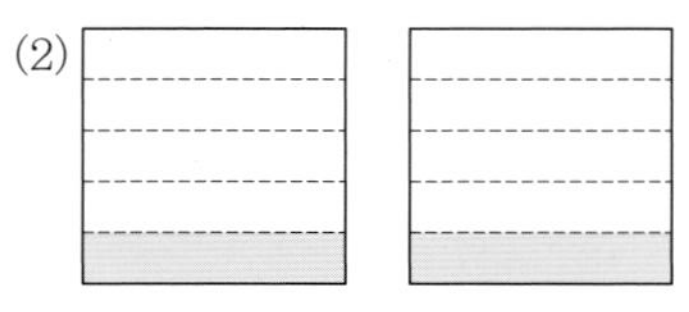

$1 \div 5 = \frac{1}{5}$이고 $2 \div 5$는 $\frac{1}{5}$이 2개이므로

$2 \div 5 = \frac{2}{5}$입니다.

5 (1) $5 \div 8 = \frac{5}{8}$

(2) $3 \div 7 = \frac{3}{7}$

(3) $4 \div 9 = \frac{4}{9}$

(4) $7 \div 11 = \frac{7}{11}$

6 (1) $5 \div 2 = \frac{5}{2} = 2\frac{1}{2}$

(2) $7 \div 3 = \frac{7}{3} = 2\frac{1}{3}$

(3) $9 \div 4 = \frac{9}{4} = 2\frac{1}{4}$

(4) $10 \div 7 = \frac{10}{7} = 1\frac{3}{7}$

본문 p. 14

발전문제 배운 개념 응용하기

1 1을 7개로 나눈 것 중의 1개이므로

$1 \div 7 = \frac{1}{7}$입니다.

2 $1 \div 3 = \frac{1}{3}$이고 $5 \div 3$은 $\frac{1}{3}$이 5개이므로

$5 \div 3 = \frac{5}{3} = 1\frac{2}{3}$입니다.

3

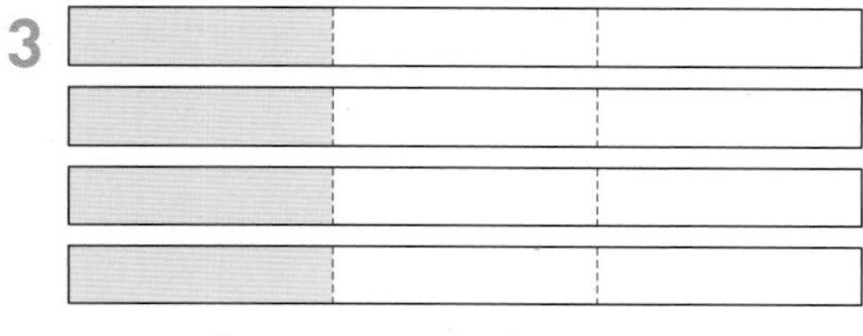

$1 \div 3 = \frac{1}{3}$이고 $4 \div 3$은 $\frac{1}{3}$이 4개이므로

$4 \div 3 = \frac{4}{3} = 1\frac{1}{3}$입니다.

4 (1) $1 \div 4 = \frac{1}{4}$

(2) $1 \div 8 = \frac{1}{8}$

(3) $1 \div 10 = \frac{1}{10}$

(4) $1 \div 30 = \frac{1}{30}$

5 (1) $4 \div 5 = \frac{4}{5}$

(2) $5 \div 9 = \frac{5}{9}$

(3) $7 \div 4 = \frac{7}{4} = 1\frac{3}{4}$

(4) $12 \div 5 = \frac{12}{5} = 2\frac{2}{5}$

6 ㉠ $1 \div 2 = \frac{1}{2}$

㉡ $4 \div 5 = \frac{4}{5}$

㉢ $5 \div 3 = \frac{5}{3} = 1\frac{2}{3}$

㉣ $9 \div 4 = \frac{9}{4} = 2\frac{1}{4}$

따라서 계산 결과가 큰 순서대로 기호를 쓰면

㉣, ㉢, ㉡, ㉠입니다.

7 $1 \div 7 = \frac{1}{7}$이므로 $\frac{1}{7} < \frac{1}{\square}$입니다.

따라서 2부터 9까지의 자연수 중에서 □ 안에 들어갈 수 있는 수는 2, 3, 4, 5, 6입니다.

8 $4 \div 1 = \frac{4}{1} = 4$

$9 \div 2 = \frac{9}{2} = 4\frac{1}{2}$

$4 \div 9 = \frac{4}{9}$

$1 \div 2 = \frac{1}{2}$

따라서 빈칸에 알맞은 수를 써넣으면 다음과 같습니다.

(→ ÷, ↓ ÷)

4	1	4
9	2	$4\frac{1}{2}$
$\frac{4}{9}$	$\frac{1}{2}$	

9 (1) $1\div 9=\frac{1}{9}$

(2) $4\div 13=\frac{4}{13}$

(3) $11\div 5=\frac{11}{5}=2\frac{1}{5}$

(4) $23\div 7=\frac{23}{7}=3\frac{2}{7}$

10 $5\div 7=\frac{5}{7}$, $5\div 11=\frac{5}{11}$

$\frac{5}{7}$와 $\frac{5}{11}$를 통분하면

$\frac{5}{7}=\frac{5\times 11}{7\times 11}=\frac{55}{77}$, $\frac{5}{11}=\frac{5\times 7}{11\times 7}=\frac{35}{77}$

이므로 ○ 안에 알맞은 것은 $>$ 입니다.

| 다른 풀이 |

어떤 수를 큰 수로 나눌수록 작아지므로

$5\div 7>5\div 11$입니다.

11 밀가루 4kg으로 케이크 5개를 만들었으므로 케이크 한 개를 만드는 데 사용한 밀가루의 양은 $4\div 5=\frac{4}{5}$(kg)입니다.

12 $1\div 5=\frac{1}{5}$, $10\div 3=\frac{10}{3}=3\frac{1}{3}$입니다.

따라서 $\frac{1}{5}<\square<3\frac{1}{3}$의 □ 안에 들어갈 수 있는 자연수는 1, 2, 3으로 모두 3개입니다.

13 딸기 13kg을 바구니 3개에 똑같이 나누어 담을 때 한 바구니에 담을 수 있는 딸기의 양은

$13\div 3=\frac{13}{3}=4\frac{1}{3}$(kg)입니다.

14 한 병에 $\frac{2}{5}$L가 들어 있는 사과 주스가 10병 있으므로 모든 주스의 양은

$\frac{2}{5}\times 10=\frac{2\times 10}{5}=\frac{20}{5}=4$(L)입니다.

이 사과 주스를 5명이 똑같이 나누어 마실 때, 한 명이 마실 수 있는 사과 주스의 양은

$4\div 5=\frac{4}{5}$(L)입니다.

15 밑변의 길이가 4cm이고, 넓이가 7cm^2인 평행사변형의 높이는 $7\div 4=\frac{7}{4}=1\frac{3}{4}$(cm)입니다.

(진분수)÷(자연수)

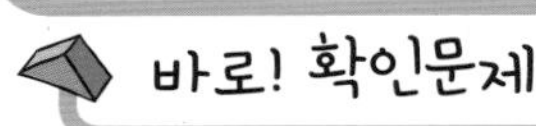

바로! 확인문제

본문 p. 19

1 (1)

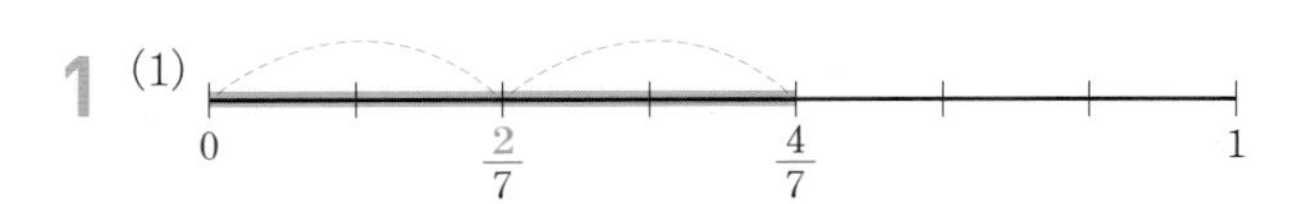

$\frac{4}{7}$를 2등분한 것으로

$\frac{4}{7}\div 2=\frac{4\div 2}{7}=\frac{2}{7}$

와 같이 계산할 수 있습니다.

(2) 0, $\frac{2}{7}$, $\frac{6}{7}$, 1

$\frac{6}{7}$을 3등분한 것으로

$\frac{6}{7}\div 3=\frac{6\div 3}{7}=\frac{2}{7}$

와 같이 계산할 수 있습니다.

2 $\frac{3}{4}\div3$의 몫은 $\frac{3}{4}$을 3등분한 것 중의 하나입니다.

$\frac{3}{4}$을 3등분한 것 중의 하나는

$\frac{3}{4}\div3=\frac{3\div3}{4}=\frac{1}{4}$입니다.

3 $\frac{6}{7}\div3=\frac{6}{7\div3}$ (×)　　$\frac{6}{7}\div3=\frac{6\div3}{7}$ (○)

4 (1) $\frac{4}{5}\div2=\frac{4\div2}{5}$

(2) $\frac{4}{5}\div4=\frac{4\div4}{5}$

(3) $\frac{4}{5}\div3=\frac{4}{5}\times\frac{1}{3}$

(4) $\frac{4}{5}\div6=\frac{4}{5}\times\frac{1}{6}$

본문 p. 20

기본문제 배운 개념 적용하기

1 (1)

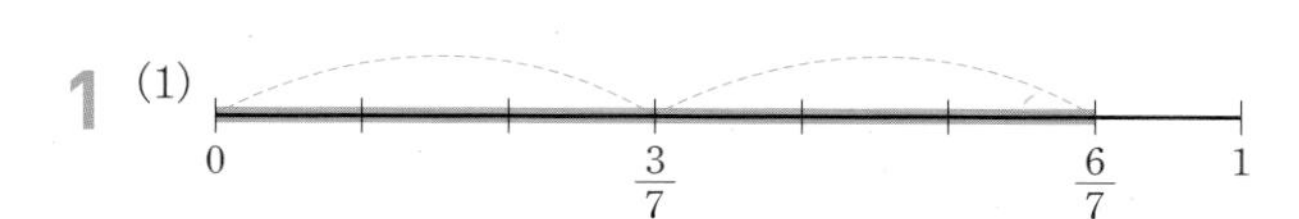

$\frac{6}{7}$을 2등분한 것으로

$\frac{6}{7}\div2=\frac{6\div2}{7}=\frac{3}{7}$

과 같이 계산할 수 있습니다.

(2)

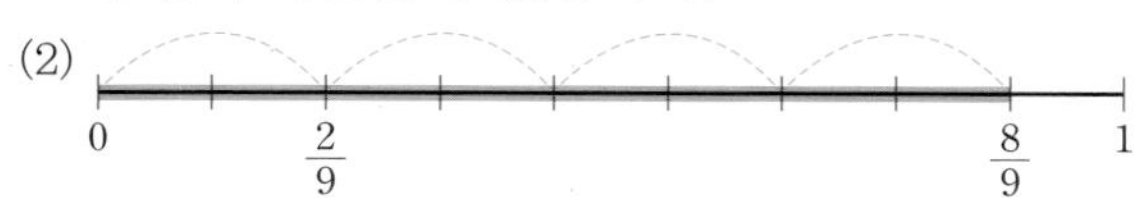

$\frac{8}{9}$을 4등분한 것으로

$\frac{8}{9}\div4=\frac{8\div4}{9}=\frac{2}{9}$

와 같이 계산할 수 있습니다.

2 (1)

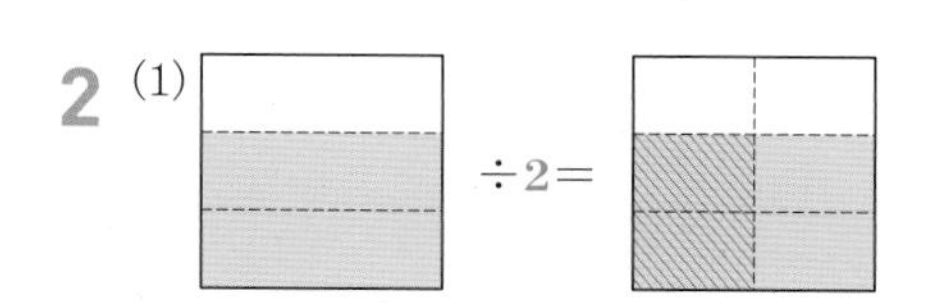

오른쪽 그림에서 빗금 친 부분은 $\frac{2}{3}$를 2등분한 것 중의 하나입니다.

$\frac{2}{3}\div2=\frac{2\div2}{3}=\frac{1}{3}$

과 같이 계산할 수 있습니다.

(2)

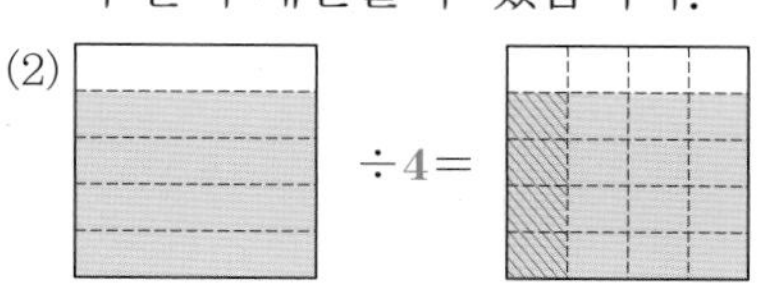

오른쪽 그림에서 빗금 친 부분은 $\frac{4}{5}$를 4등분한 것 중의 하나입니다.

$\frac{4}{5}\div4=\frac{4\div4}{5}=\frac{1}{5}$

과 같이 계산할 수 있습니다.

| 참고 |

(1) 오른쪽 그림에서 빗금 친 부분은 전체 6 중에서 2부분이므로 $\frac{2}{6}=\frac{1}{3}$입니다.

(2) 오른쪽 그림에서 빗금 친 부분은 전체 20 중에서 4부분이므로 $\frac{4}{20}=\frac{1}{5}$입니다.

3 (1) $\frac{4}{7}\div2=\frac{4\div2}{7}=\frac{2}{7}$

(2) $\frac{9}{10}\div3=\frac{9\div3}{10}=\frac{3}{10}$

(3) $\frac{8}{11}\div4=\frac{8\div4}{11}=\frac{2}{11}$

(4) $\frac{12}{13}\div6=\frac{12\div6}{13}=\frac{2}{13}$

4 (1) $\frac{3}{5}\div3=\frac{3\div3}{5}=\frac{1}{5}$

(2) $\frac{6}{7}\div3=\frac{6\div3}{7}=\frac{2}{7}$

(3) $\frac{8}{9}\div2=\frac{8\div2}{9}=\frac{4}{9}$

(4) $\frac{10}{11}\div5=\frac{10\div5}{11}=\frac{2}{11}$

5 (1) $\frac{3}{5}\div 2=\frac{3\times 2}{5\times 2}\div 2=\frac{6}{10}\div 2$

$=\frac{6\div 2}{10}=\frac{3}{10}$

(2) $\frac{5}{7}\div 3=\frac{5\times 3}{7\times 3}\div 3=\frac{15}{21}\div 3$

$=\frac{15\div 3}{21}=\frac{5}{21}$

(3) $\frac{7}{9}\div 4=\frac{7\times 4}{9\times 4}\div 4=\frac{28}{36}\div 4$

$=\frac{28\div 4}{36}=\frac{7}{36}$

(4) $\frac{8}{11}\div 5=\frac{8\times 5}{11\times 5}\div 5=\frac{40}{55}\div 5$

$=\frac{40\div 5}{55}=\frac{8}{55}$

6 (1) $\frac{3}{7}\div 2=\frac{3\times 2}{7\times 2}\div 2=\frac{6}{14}\div 2$

$=\frac{6\div 2}{14}=\frac{3}{14}$

(2) $\frac{8}{9}\div 3=\frac{8\times 3}{9\times 3}\div 3=\frac{24}{27}\div 3$

$=\frac{24\div 3}{27}=\frac{8}{27}$

(3) $\frac{9}{10}\div 4=\frac{9\times 4}{10\times 4}\div 4=\frac{36}{40}\div 4$

$=\frac{36\div 4}{40}=\frac{9}{40}$

(4) $\frac{11}{15}\div 5=\frac{11\times 5}{15\times 5}\div 5=\frac{55}{75}\div 5$

$=\frac{55\div 5}{75}=\frac{11}{75}$

본문 p. 22

발전문제 배운 개념 응용하기

1

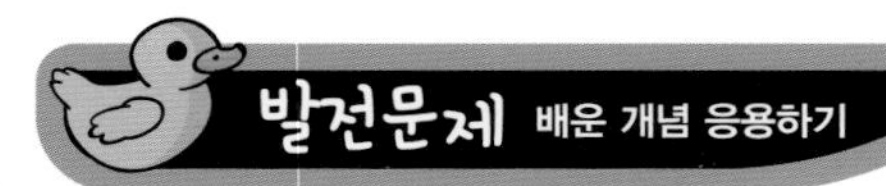

$\frac{9}{10}\div 3$은 $\frac{9}{10}$를 3등분한 것 중의 하나입니다.

$\frac{9}{10}\div 3=\frac{9\div 3}{10}=\frac{3}{10}$

2

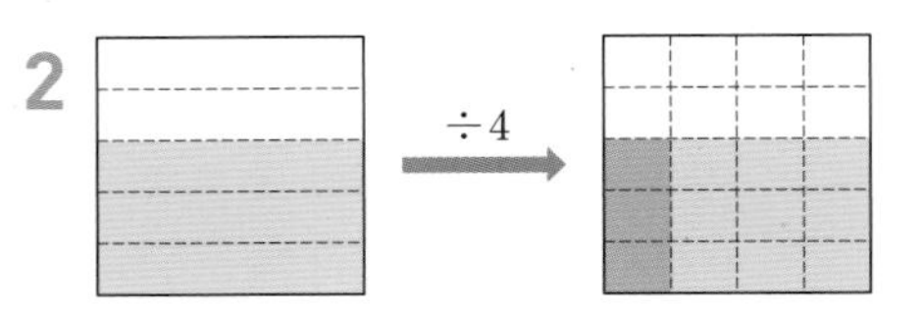

오른쪽 그림에서 진하게 색칠된 부분은 $\frac{3}{5}$을 4등분한 것 중의 하나입니다.

$\frac{3}{5}\div 4=\frac{3\times 4}{5\times 4}\div 4=\frac{12}{20}\div 4$

$=\frac{12\div 4}{20}=\frac{3}{20}$

과 같이 계산할 수 있습니다.

| 참고 |

오른쪽 그림에서 진하게 색칠된 부분은 전체 20 중에서 3부분이므로 $\frac{3}{20}$입니다.

3 $\frac{4}{9}\div 3=\frac{4\times 3}{9\times 3}\div 3=\frac{12}{27}\div 3$

$=\frac{12\div 3}{27}=\frac{4}{27}$

| 다른 풀이 |

$\frac{4}{9}\div 3=\frac{4}{9}\times\frac{1}{3}=\frac{4\times 1}{9\times 3}=\frac{4}{27}$

4 (1) $\frac{2}{3}\div 2=\frac{2\div 2}{3}=\frac{1}{3}$

(2) $\frac{9}{10}\div 3=\frac{9\div 3}{10}=\frac{3}{10}$

(3) $\frac{10}{13}\div 5=\frac{10\div 5}{13}=\frac{2}{13}$

(4) $\frac{12}{19}\div 6=\frac{12\div 6}{19}=\frac{2}{19}$

| 다른 풀이 |

(1) $\frac{2}{3}\div 2=\frac{\overset{1}{\cancel{2}}}{3}\times\frac{1}{\underset{1}{\cancel{2}}}=\frac{1}{3}$

(2) $\frac{9}{10}\div 3=\frac{\overset{3}{\cancel{9}}}{10}\times\frac{1}{\underset{1}{\cancel{3}}}=\frac{3}{10}$

(3) $\frac{10}{13}\div 5=\frac{\overset{2}{\cancel{10}}}{13}\times\frac{1}{\underset{1}{\cancel{5}}}=\frac{2}{13}$

(4) $\frac{12}{19}\div 6=\frac{\overset{2}{\cancel{12}}}{19}\times\frac{1}{\underset{1}{\cancel{6}}}=\frac{2}{19}$

5 $\frac{6}{7}\div 5=\frac{6\times 5}{7\times 5}\div 5=\frac{30}{35}\div 5$

$=\frac{30\div 5}{35}=\frac{6}{35}$

따라서 ㉠=5, ㉡=30, ㉢=6이므로

㉠+㉡+㉢=5+30+6=**41**입니다.

6 (1) $\frac{2}{3}\div 3=\frac{2\times 3}{3\times 3}\div 3=\frac{6}{9}\div 3$

$=\frac{6\div 3}{9}=\frac{2}{9}$

(2) $\frac{2}{5}\div 4=\frac{2\times 4}{5\times 4}\div 4=\frac{8}{20}\div 4$

$=\frac{8\div 4}{20}=\frac{2}{20}=\frac{1}{10}$

(3) $\frac{5}{7}\div 2=\frac{5\times 2}{7\times 2}\div 2=\frac{10}{14}\div 2$

$=\frac{10\div 2}{14}=\frac{5}{14}$

(4) $\frac{4}{9}\div 5=\frac{4\times 5}{9\times 5}\div 5=\frac{20}{45}\div 5$

$=\frac{20\div 5}{45}=\frac{4}{45}$

| 다른 풀이 |

(1) $\frac{2}{3}\div 3=\frac{2}{3}\times\frac{1}{3}=\frac{2}{9}$

(2) $\frac{2}{5}\div 4=\frac{\overset{1}{\cancel{2}}}{5}\times\frac{1}{\underset{2}{\cancel{4}}}=\frac{1}{10}$

(3) $\frac{5}{7}\div 2=\frac{5}{7}\times\frac{1}{2}=\frac{5}{14}$

(4) $\frac{4}{9}\div 5=\frac{4}{9}\times\frac{1}{5}=\frac{4}{45}$

7 ㉠ $\frac{3}{7}\div 3=\frac{3\div 3}{7}=\frac{1}{7}$

㉡ $\frac{4}{7}\div 2=\frac{4\div 2}{7}=\frac{2}{7}$

㉢ $\frac{6}{7}\div 4=\frac{6\times 4}{7\times 4}\div 4=\frac{24}{28}\div 4$

$=\frac{24\div 4}{28}=\frac{6}{28}=\frac{3}{14}$

이때 $\frac{1}{7}=\frac{2}{14}$, $\frac{2}{7}=\frac{4}{14}$이므로 계산 결과가 가장 큰 몫의 기호는 ㉡이다.

| 다른 풀이 |

㉠ $\frac{3}{7}\div 3=\frac{\overset{1}{\cancel{3}}}{7}\times\frac{1}{\underset{1}{\cancel{3}}}=\frac{1}{7}=\frac{2}{14}$

㉡ $\frac{4}{7}\div 2=\frac{\overset{2}{\cancel{4}}}{7}\times\frac{1}{\underset{1}{\cancel{2}}}=\frac{2}{7}=\frac{4}{14}$

㉢ $\frac{6}{7}\div 4=\frac{\overset{3}{\cancel{6}}}{7}\times\frac{1}{\underset{2}{\cancel{4}}}=\frac{3}{14}$

8 $\frac{4}{5}\div 3=\frac{4\times 3}{5\times 3}\div 3=\frac{12}{15}\div 3$

$=\frac{12\div 3}{15}=\frac{4}{15}$

$\frac{14}{15}\div 2=\frac{14\div 2}{15}=\frac{7}{15}$

따라서 ○ 안에 >, =, < 중에서 알맞은 것은 <입니다.

| 다른 풀이 |

$\frac{4}{5}\div 3=\frac{4}{5}\times\frac{1}{3}=\frac{4}{15}$

$\frac{14}{15}\div 2=\frac{\overset{7}{\cancel{14}}}{15}\times\frac{1}{\underset{1}{\cancel{2}}}=\frac{7}{15}$

9 $\frac{6}{7}\div 3=\frac{6\div 3}{7}=\frac{2}{7}$

$5\div 7=\frac{5}{7}$

$\frac{6}{7}\div 5=\frac{6\times 5}{7\times 5}\div 5=\frac{30}{35}\div 5$

$=\frac{30\div 5}{35}=\frac{6}{35}$

$3\div 7=\frac{3}{7}$

따라서 빈칸에 알맞은 수를 써넣으면 다음과 같습니다.

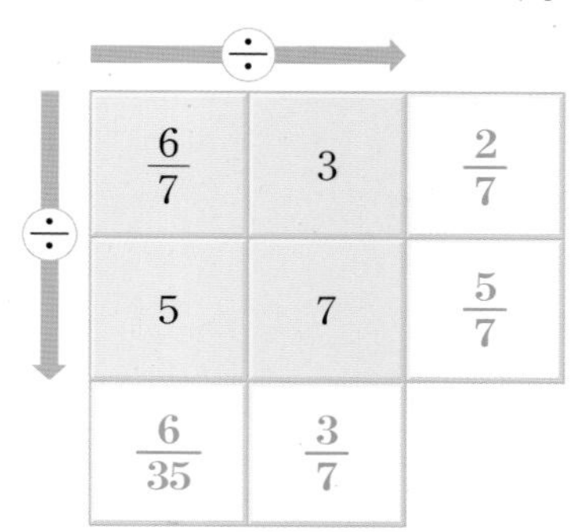

| 다른 풀이 |

$\frac{6}{7}\div 3=\frac{\overset{2}{\cancel{6}}}{7}\times\frac{1}{\underset{1}{\cancel{3}}}=\frac{2}{7}$

$\frac{6}{7}\div 5=\frac{6}{7}\times\frac{1}{5}=\frac{6}{35}$

10 마름모는 네 변의 길이가 모두 같으므로 한 변의 길이는

$\frac{8}{9}\div 4=\frac{8\div 4}{9}=\frac{2}{9}$(cm)

입니다.

| 다른 풀이 |

$\frac{8}{9}\div 4=\frac{\overset{2}{\cancel{8}}}{9}\times\frac{1}{\underset{1}{\cancel{4}}}=\frac{2}{9}$

11 $\frac{8}{15}\div 4=\frac{8\div 4}{15}=\frac{2}{15}$

따라서 한 명이 마실 수 있는 주스의 양은 $\frac{2}{15}$L입니다.

| 다른 풀이 |

$\frac{8}{15}\div 4=\frac{\overset{2}{\cancel{8}}}{15}\times\frac{1}{\underset{1}{\cancel{4}}}=\frac{2}{15}$

| 다른 풀이 |

$\frac{8}{15}\div 4=\frac{8\times 4}{15\times 4}\div 4=\frac{32}{60}\div 4$

$=\frac{32\div 4}{60}=\frac{8}{60}=\frac{2}{15}$

12 정사각형의 둘레의 길이는

$\frac{2}{9}\times 4=\frac{8}{9}$(cm)입니다.

따라서 정삼각형의 한 변의 길이는

$\frac{8}{9}\div 3=\frac{8\times 3}{9\times 3}\div 3=\frac{24}{27}\div 3$

$=\frac{24\div 3}{27}=\frac{8}{27}$(cm)

입니다.

| 다른 풀이 |

$\frac{8}{9}\div 3=\frac{8}{9}\times\frac{1}{3}=\frac{8}{27}$

13 계산 결과가 가장 작은 나눗셈식은

$\frac{3}{5}\div 7$, $\frac{3}{7}\div 5$입니다.

$\frac{3}{5}\div 7=\frac{3\times 7}{5\times 7}\div 7=\frac{21}{35}\div 7$

$=\frac{21\div 7}{35}=\frac{3}{35}$

$\frac{3}{7}\div 5=\frac{3\times 5}{7\times 5}\div 5=\frac{15}{35}\div 5$

$=\frac{15\div 5}{35}=\frac{3}{35}$

| 다른 풀이 |

$\frac{3}{5}\div 7=\frac{3}{5}\times\frac{1}{7}=\frac{3}{35}$, $\frac{3}{7}\div 5=\frac{3}{7}\times\frac{1}{5}=\frac{3}{35}$

14 어떤 분수를 □라 합시다.

어떤 분수에 3을 곱했더니 $\frac{9}{14}$가 되었으므로

□$\times 3=\frac{9}{14}$입니다.

□$=\frac{9}{14}\div 3=\frac{9\div 3}{14}=\frac{3}{14}$

따라서 바르게 계산한 값은

$\frac{3}{14}\div 3=\frac{3\div 3}{14}=\frac{1}{14}$

입니다.

| 다른 풀이 |

$\frac{9}{14}\div 3=\frac{\overset{3}{\cancel{9}}}{14}\times\frac{1}{\underset{1}{\cancel{3}}}=\frac{3}{14}$

$\frac{3}{14}\div 3=\frac{\overset{1}{\cancel{3}}}{14}\times\frac{1}{\underset{1}{\cancel{3}}}=\frac{1}{14}$

15 한 봉지의 무게가 $\frac{2}{11}$kg인 밀가루 5봉지가 있으므로 밀가루 5봉지의 전체의 양은

$\frac{2}{11}\times 5=\frac{10}{11}$(kg)입니다.

이 밀가루 5봉지를 4개의 양푼에 똑같이 나누어 담는다면 양푼 한 개에 담을 수 있는 밀가루의 양은

$\frac{10}{11}\div 4=\frac{10\times 4}{11\times 4}\div 4=\frac{40}{44}\div 4$

$=\frac{40\div 4}{44}=\frac{10}{44}=\frac{5}{22}$(kg)

입니다.

| 다른 풀이 |

$\frac{10}{11}\div 4=\frac{\overset{5}{\cancel{10}}}{11}\times\frac{1}{\underset{2}{\cancel{4}}}=\frac{5}{22}$

자연수의 나눗셈을 분수의 곱셈으로 나타내기

바로! 확인문제

본문 p. 27

1 $1\div 4=\frac{1}{4}$이고 $2\div 4$는 $\frac{1}{4}$이 2개이므로

$2\div 4=\frac{2}{4}=\frac{1}{2}$입니다.

2 (1) $3\div 2=3\times\frac{1}{2}$

(2) $4\div 5=4\times\frac{1}{5}$

(3) $5\div 3=5\times\frac{1}{3}$

(4) $7\div 5=7\times\frac{1}{5}$

3 $\frac{3}{7}\div 5$의 몫은 $\frac{3}{7}$을 5등분한 것 중의 하나입니다.

이것을 곱셈식으로 표현하면

$\frac{3}{7}\div 5=\frac{3}{7}\times\frac{1}{5}$입니다.

4

$\frac{3}{5}\div 4=\frac{3}{5}\times\frac{1}{4}$	$\frac{3}{5}\div 4=\frac{3}{5\div 4}$
(○)	(×)

본문 p. 28

기본문제 배운 개념 적용하기

1 (1) $1\div 3=1\times\frac{1}{3}$

(2) $2\div 5=2\times\frac{1}{5}$

2 (1) $2\div 3=2\times\frac{1}{3}$

(2) $4\div 9=4\times\frac{1}{9}$

(3) $7\div 4=7\times\frac{1}{4}$

(4) $10\div 6=10\times\frac{1}{6}$

3 (1) [그림] $\times\ \frac{1}{2}\ =$ [그림]

➡ $\frac{2}{3}\div 2=\frac{\overset{1}{\cancel{2}}}{3}\times\frac{1}{\underset{1}{\cancel{2}}}=\frac{1}{3}$

(2) 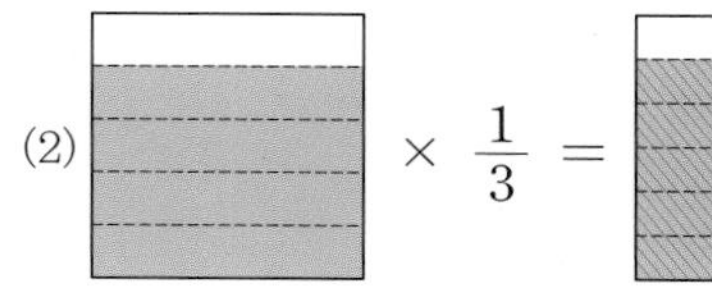

➡ $\frac{4}{5}\div 3=\frac{4}{5}\times\frac{1}{3}=\frac{4}{15}$

4 (1) $\frac{3}{4}\div 3=\frac{3\div 3}{4}$ ➡ $\frac{3}{4}\div 3=\frac{3}{4}\times\frac{1}{3}$

(2) $\frac{6}{7}\div 2=\frac{6\div 2}{7}$ ➡ $\frac{6}{7}\div 2=\frac{6}{7}\times\frac{1}{2}$

(3) $\frac{8}{9}\div 4=\frac{8\div 4}{9}$ ➡ $\frac{8}{9}\div 4=\frac{8}{9}\times\frac{1}{4}$

(4) $\frac{10}{11}\div 5=\frac{10\div 5}{11}$ ➡ $\frac{10}{11}\div 5=\frac{10}{11}\times\frac{1}{5}$

5 (1) $\frac{4}{9}\div 2=\frac{\overset{2}{\cancel{4}}}{9}\times\frac{1}{\underset{1}{\cancel{2}}}=\frac{2}{9}$

(2) $\frac{8}{11}\div 4=\frac{\overset{2}{\cancel{8}}}{11}\times\frac{1}{\underset{1}{\cancel{4}}}=\frac{2}{11}$

(3) $\frac{7}{9}\div 4=\frac{7}{9}\times\frac{1}{4}=\frac{7}{36}$

(4) $\frac{5}{12}\div 2=\frac{5}{12}\times\frac{1}{2}=\frac{5}{24}$

| 다른 풀이 |

(1) $\frac{4}{9}\div 2=\frac{4\div 2}{9}=\frac{2}{9}$

(2) $\frac{8}{11}\div 4=\frac{8\div 4}{11}=\frac{2}{11}$

6 (1) $\frac{4}{7}\div 2=\frac{\overset{2}{\cancel{4}}}{7}\times\frac{1}{\underset{1}{\cancel{2}}}=\frac{2}{7}$

(2) $\frac{9}{13}\div 3=\frac{\overset{3}{\cancel{9}}}{13}\times\frac{1}{\underset{1}{\cancel{3}}}=\frac{3}{13}$

(3) $\frac{11}{12}\div 2=\frac{11}{12}\times\frac{1}{2}=\frac{11}{24}$

(4) $\frac{2}{13}\div 3=\frac{2}{13}\times\frac{1}{3}=\frac{2}{39}$

(5) $\frac{6}{13}\div 10=\frac{\overset{3}{\cancel{6}}}{13}\times\frac{1}{\underset{5}{\cancel{10}}}=\frac{3}{65}$

(6) $\frac{15}{16}\div 10=\frac{\overset{3}{\cancel{15}}}{16}\times\frac{1}{\underset{2}{\cancel{10}}}=\frac{3}{32}$

| 다른 풀이 |

(1) $\frac{4}{7}\div 2=\frac{4\div 2}{7}=\frac{2}{7}$

(2) $\frac{9}{13}\div 3=\frac{9\div 3}{13}=\frac{3}{13}$

본문 p. 30

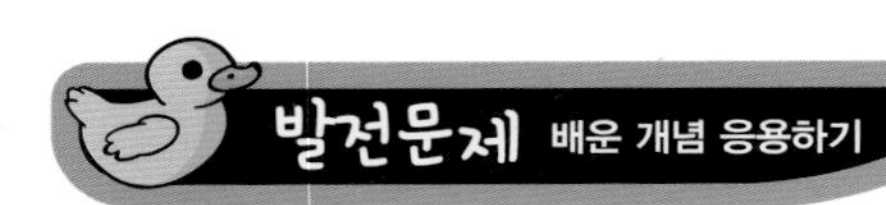

1

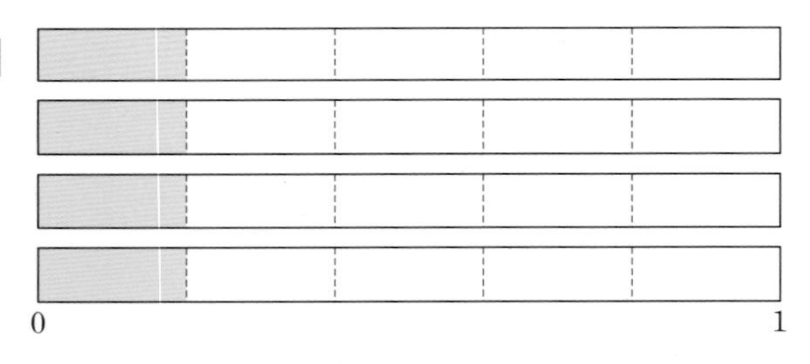

➡ $4\div 5=4\times\frac{1}{5}=\frac{4}{5}$

2

$3\div 7=3\times\frac{1}{7}$	$7\div 3=\frac{1}{7}\times 3$
(○)	(×)

3 $\frac{4}{5}\div 3=\frac{4}{5}\times\frac{1}{3}=\frac{4}{15}$

㉠ $\frac{4}{5}\times\frac{1}{3}=\frac{4}{15}$

㉡ $\frac{12\div 3}{15}=\frac{4}{15}$

㉢ $\frac{8}{10}\div 6=\frac{\overset{4}{\cancel{8}}}{10}\times\frac{1}{\underset{3}{\cancel{6}}}=\frac{4}{30}=\frac{2}{15}$

㉣ $\frac{8}{10}\times\frac{1}{3}=\frac{8}{30}=\frac{4}{15}$

따라서 $\frac{4}{5}\div 3$의 몫과 계산 결과가 같은 식의 기호는 ㉠, ㉡, ㉣이다.

4 • (진분수)÷(자연수)에서 진분수의 분자가 자연수의 배수이면 분자를 자연수로 나누어 계산합니다.

• (진분수)÷(자연수)=(진분수)× $\frac{1}{(자연수)}$로 계산합니다.

5 (1) $\frac{12}{13}\div 3=\frac{12\div 3}{13}=\frac{4}{13}$

$\frac{12}{13}\div 3=\frac{\overset{4}{\cancel{12}}}{13}\times\frac{1}{\underset{1}{\cancel{3}}}=\frac{4}{13}$

(2) $\frac{12}{13}\div 4=\frac{12\div 4}{13}=\frac{3}{13}$

$\frac{12}{13}\div 4=\frac{\overset{3}{\cancel{12}}}{13}\times\frac{1}{\underset{1}{\cancel{4}}}=\frac{3}{13}$

(3) $\frac{12}{13}\div 6=\frac{12\div 6}{13}=\frac{2}{13}$

$\frac{12}{13}\div 6=\frac{\overset{2}{\cancel{12}}}{13}\times\frac{1}{\underset{1}{\cancel{6}}}=\frac{2}{13}$

(4) $\frac{12}{13}\div 12=\frac{12\div 12}{13}=\frac{1}{13}$

$\frac{12}{13}\div 12=\frac{\overset{1}{\cancel{12}}}{13}\times\frac{1}{\underset{1}{\cancel{12}}}=\frac{1}{13}$

6 $\frac{4}{9}\div 2=\frac{\overset{2}{\cancel{4}}}{9}\times\frac{1}{\underset{1}{\cancel{2}}}=\frac{2}{9}$

$\frac{4}{9}\div 4=\frac{\overset{1}{\cancel{4}}}{9}\times\frac{1}{\underset{1}{\cancel{4}}}=\frac{1}{9}$

$\frac{4}{9}\div 6=\frac{\overset{2}{\cancel{4}}}{9}\times\frac{1}{\underset{3}{\cancel{6}}}=\frac{2}{27}$

따라서 크기가 같은 분수끼리 선을 그어 연결하면 다음과 같습니다.

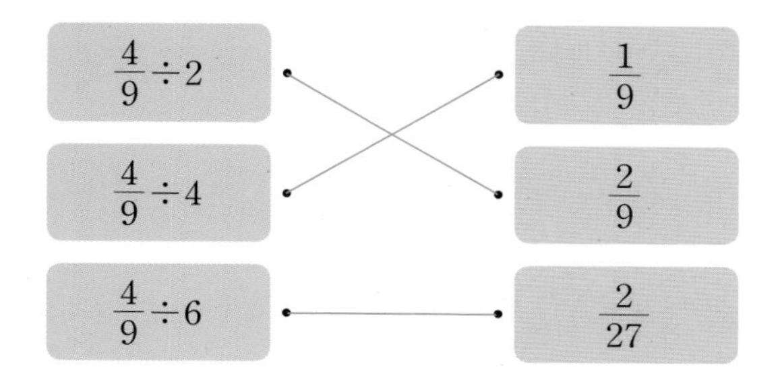

| 다른 풀이 |

$\frac{4}{9}\div2=\frac{4\div2}{9}=\frac{2}{9}$

$\frac{4}{9}\div4=\frac{4\div4}{9}=\frac{1}{9}$

7 (1) $\frac{6}{7}\div3=\frac{\overset{2}{\cancel{6}}}{7}\times\frac{1}{\underset{1}{\cancel{3}}}=\frac{2}{7}$

(2) $\frac{8}{11}\div12=\frac{\overset{2}{\cancel{8}}}{11}\times\frac{1}{\underset{3}{\cancel{12}}}=\frac{2}{33}$

(3) $\frac{10}{11}\div4=\frac{\overset{5}{\cancel{10}}}{11}\times\frac{1}{\underset{2}{\cancel{4}}}=\frac{5}{22}$

(4) $\frac{16}{17}\div32=\frac{\overset{1}{\cancel{16}}}{17}\times\frac{1}{\underset{2}{\cancel{32}}}=\frac{1}{34}$

8 (1) $\frac{4}{5}\div8=\frac{\overset{1}{\cancel{4}}}{5}\times\frac{1}{\underset{2}{\cancel{8}}}=\frac{1}{10}$

(2) $\frac{6}{7}\div4=\frac{\overset{3}{\cancel{6}}}{7}\times\frac{1}{\underset{2}{\cancel{4}}}=\frac{3}{14}$

(3) $\frac{8}{11}\div4=\frac{\overset{2}{\cancel{8}}}{11}\times\frac{1}{\underset{1}{\cancel{4}}}=\frac{2}{11}$

(4) $\frac{5}{21}\div10=\frac{\overset{1}{\cancel{5}}}{21}\times\frac{1}{\underset{2}{\cancel{10}}}=\frac{1}{42}$

9 $\frac{9}{17}\div3=\frac{\overset{3}{\cancel{9}}}{17}\times\frac{1}{\underset{1}{\cancel{3}}}=\frac{3}{17}$

$\frac{4}{19}\div6=\frac{\overset{2}{\cancel{4}}}{19}\times\frac{1}{\underset{3}{\cancel{6}}}=\frac{2}{57}$

따라서 빈칸에 알맞은 수를 써넣으면 다음과 같습니다.

÷ →

$\frac{9}{17}$	3	$\frac{3}{17}$
$\frac{4}{19}$	6	$\frac{2}{57}$

10 $\frac{12}{15}\div4=\frac{\overset{3}{\cancel{12}}}{15}\times\frac{1}{\underset{1}{\cancel{4}}}=\frac{3}{15}=\frac{1}{5}$

$\frac{10}{25}\div2=\frac{\overset{5}{\cancel{10}}}{25}\times\frac{1}{\underset{1}{\cancel{2}}}=\frac{5}{25}=\frac{1}{5}$

따라서 ○ 안에 $>$, $=$, $<$ 중에서 알맞은 것은 $=$입니다.

| 다른 풀이 |

$\frac{\overset{4}{\cancel{12}}}{\underset{5}{\cancel{15}}}\div4=\frac{\overset{1}{\cancel{4}}}{5}\times\frac{1}{\underset{1}{\cancel{4}}}=\frac{1}{5}$

$\frac{\overset{2}{\cancel{10}}}{\underset{5}{\cancel{25}}}\div2=\frac{\overset{1}{\cancel{2}}}{5}\times\frac{1}{\underset{1}{\cancel{2}}}=\frac{1}{5}$

11 어떤 분수를 □라 합시다.

어떤 분수에 6을 곱했더니 $\frac{8}{13}$이 되었으므로

$\square\times6=\frac{8}{13}$입니다.

$\square=\frac{8}{13}\div6=\frac{\overset{4}{\cancel{8}}}{13}\times\frac{1}{\underset{3}{\cancel{6}}}=\frac{4}{39}$

12 오렌지 주스 $\frac{5}{7}$L를 3명이 똑같이 나누어 마셨다면 한 사람이 마신 오렌지 주스의 양은

$\frac{5}{7}\div3=\frac{5}{7}\times\frac{1}{3}=\frac{5}{21}$ (L)

입니다.

13 $\frac{2}{17}\div4=\frac{\overset{1}{\cancel{2}}}{17}\times\frac{1}{\underset{2}{\cancel{4}}}=\frac{1}{34}$ (m^2)

14 $\frac{14}{17} \div 2 = \frac{\overset{7}{\cancel{14}}}{17} \times \frac{1}{\underset{1}{\cancel{2}}} = \frac{7}{17}$

$\frac{\square}{17} < \frac{7}{17}$의 $\square$ 안에 들어갈 수 있는 자연수는 1, 2, 3, 4, 5, 6으로 모두 6개입니다.

15 어머니와 아버지가 가져온 물통에 들어 있는 물의 양의 합은

$\frac{3}{10} + \frac{2}{5} = \frac{3}{10} + \frac{4}{10} = \frac{7}{10}$(L)

입니다.

두 물통에 들어 있는 물을 세 사람이 똑같이 나누어 마실 때 한 사람이 마실 수 있는 물의 양은

$\frac{7}{10} \div 3 = \frac{7}{10} \times \frac{1}{3} = \frac{7}{30}$(L)

입니다.

(가분수)÷(자연수), (대분수)÷(자연수)

바로! 확인문제

본문 p. 35

1 (1) $\frac{4}{3} \div 4 = \frac{4 \div 4}{3}$

(2) $\frac{6}{5} \div 2 = \frac{6 \div 2}{5}$

(3) $\frac{9}{7} \div 3 = \frac{9 \div 3}{7} = \frac{3}{7}$

(4) $\frac{10}{9} \div 5 = \frac{10 \div 5}{9} = \frac{2}{9}$

2 (1) $\frac{4}{3} \div 3 = \frac{4}{3} \times \frac{1}{3}$

(2) $\frac{6}{5} \div 5 = \frac{6}{5} \times \frac{1}{5}$

(3) $\frac{9}{7} \div 4 = \frac{9}{7} \times \frac{1}{4} = \frac{9}{28}$

(4) $\frac{10}{9} \div 3 = \frac{10}{9} \times \frac{1}{3} = \frac{10}{27}$

3 (1) $\frac{8}{5} \div 4 = \frac{8 \div 4}{5} = \frac{2}{5}$

(2) $\frac{8}{5} \div 4 = \frac{\overset{2}{\cancel{8}}}{5} \times \frac{1}{\underset{1}{\cancel{4}}} = \frac{2}{5}$

4 (1) $2\frac{2}{3} \div 4 = \frac{8}{3} \div 4 = \frac{8 \div 4}{3} = \frac{2}{3}$

(2) $2\frac{2}{3} \div 4 = \frac{8}{3} \div 4 = \frac{\overset{2}{\cancel{8}}}{3} \times \frac{1}{\underset{1}{\cancel{4}}} = \frac{2}{3}$

본문 p. 36

기본문제 배운 개념 적용하기

1 (1)

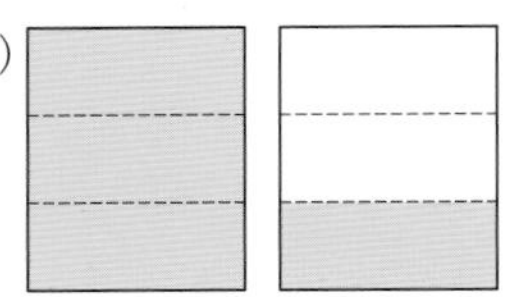

÷2 =

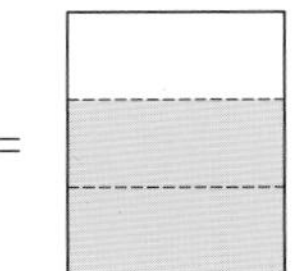

➡ $1\frac{1}{3} \div 2 = \frac{4}{3} \div 2 = \frac{4 \div 2}{3} = \frac{2}{3}$

(2)

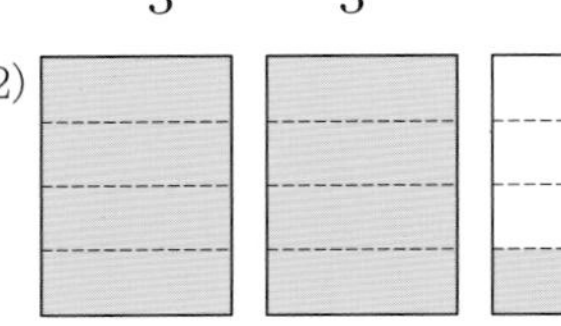

÷3 =

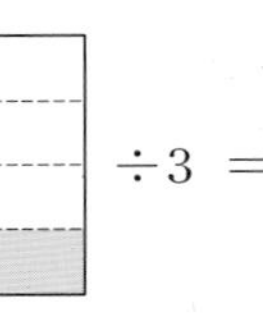

➡ $2\frac{1}{4} \div 3 = \frac{9}{4} \div 3 = \frac{9 \div 3}{4} = \frac{3}{4}$

| 다른 풀이 |

(1) $1\frac{1}{3} \div 2 = \frac{4}{3} \div 2 = \frac{\overset{2}{\cancel{4}}}{3} \times \frac{1}{\underset{1}{\cancel{2}}} = \frac{2}{3}$

(2) $2\frac{1}{4} \div 3 = \frac{9}{4} \div 3 = \frac{\overset{3}{\cancel{9}}}{4} \times \frac{1}{\underset{1}{\cancel{3}}} = \frac{3}{4}$

2 (1) $\frac{4}{3} \div 2 = \frac{4 \div 2}{3} = \frac{2}{3}$

(2) $\frac{9}{5} \div 3 = \frac{9 \div 3}{5} = \frac{3}{5}$

(3) $\frac{12}{7} \div 4 = \frac{12 \div 4}{7} = \frac{3}{7}$

(4) $\frac{12}{11} \div 3 = \frac{12 \div 3}{11} = \frac{4}{11}$

| 다른 풀이 |

(1) $\frac{4}{3}\div2=\frac{\overset{2}{\cancel{4}}}{3}\times\frac{1}{\underset{1}{\cancel{2}}}=\frac{2}{3}$

(2) $\frac{9}{5}\div3=\frac{\overset{3}{\cancel{9}}}{5}\times\frac{1}{\underset{1}{\cancel{3}}}=\frac{3}{5}$

(3) $\frac{12}{7}\div4=\frac{\overset{3}{\cancel{12}}}{7}\times\frac{1}{\underset{1}{\cancel{4}}}=\frac{3}{7}$

(4) $\frac{12}{11}\div3=\frac{\overset{4}{\cancel{12}}}{11}\times\frac{1}{\underset{1}{\cancel{3}}}=\frac{4}{11}$

3 (1) $\frac{8}{3}\div2=\frac{\overset{4}{\cancel{8}}}{3}\times\frac{1}{\underset{1}{\cancel{2}}}=\frac{4}{3}=1\frac{1}{3}$

(2) $\frac{6}{5}\div3=\frac{\overset{2}{\cancel{6}}}{5}\times\frac{1}{\underset{1}{\cancel{3}}}=\frac{2}{5}$

(3) $\frac{12}{7}\div8=\frac{\overset{3}{\cancel{12}}}{7}\times\frac{1}{\underset{2}{\cancel{8}}}=\frac{3}{14}$

(4) $\frac{21}{11}\div9=\frac{\overset{7}{\cancel{21}}}{11}\times\frac{1}{\underset{3}{\cancel{9}}}=\frac{7}{33}$

| 다른 풀이 |

(1) $\frac{8}{3}\div2=\frac{8\div2}{3}=\frac{4}{3}=1\frac{1}{3}$

(2) $\frac{6}{5}\div3=\frac{6\div3}{5}=\frac{2}{5}$

4 (1) $5\frac{1}{3}\div4=\frac{16}{3}\div4=\frac{16\div4}{3}=\frac{4}{3}$

(2) $3\frac{3}{4}\div5=\frac{15}{4}\div5=\frac{15\div5}{4}=\frac{3}{4}$

(3) $2\frac{2}{7}\div8=\frac{16}{7}\div8=\frac{16\div8}{7}=\frac{2}{7}$

5 (1) $1\frac{3}{4}\div7=\frac{7}{4}\div7=\frac{7\div7}{4}=\frac{1}{4}$

(2) $1\frac{4}{5}\div3=\frac{9}{5}\div3=\frac{9\div3}{5}=\frac{3}{5}$

(3) $4\frac{1}{6}\div5=\frac{25}{6}\div5=\frac{25\div5}{6}=\frac{5}{6}$

(4) $2\frac{2}{9}\div5=\frac{20}{9}\div5=\frac{20\div5}{9}=\frac{4}{9}$

6 (1) $3\frac{1}{5}\div4=\frac{16}{5}\div4=\frac{16}{5}\times\frac{1}{4}=\frac{\overset{4}{\cancel{16}}\times1}{5\times\underset{1}{\cancel{4}}}=\frac{4}{5}$

(2) $4\frac{3}{8}\div5=\frac{35}{8}\div5=\frac{35}{8}\times\frac{1}{5}=\frac{\overset{7}{\cancel{35}}\times1}{8\times\underset{1}{\cancel{5}}}=\frac{7}{8}$

7 (1) $2\frac{1}{4}\div3=\frac{9}{4}\div3=\frac{\overset{3}{\cancel{9}}}{4}\times\frac{1}{\underset{1}{\cancel{3}}}=\frac{3}{4}$

(2) $2\frac{6}{7}\div5=\frac{20}{7}\div5=\frac{\overset{4}{\cancel{20}}}{7}\times\frac{1}{\underset{1}{\cancel{5}}}=\frac{4}{7}$

(3) $2\frac{5}{8}\div3=\frac{21}{8}\div3=\frac{\overset{7}{\cancel{21}}}{8}\times\frac{1}{\underset{1}{\cancel{3}}}=\frac{7}{8}$

(4) $3\frac{7}{9}\div6=\frac{34}{9}\div6=\frac{\overset{17}{\cancel{34}}}{9}\times\frac{1}{\underset{3}{\cancel{6}}}=\frac{17}{27}$

본문 p. 38

발전문제 배운 개념 응용하기

1

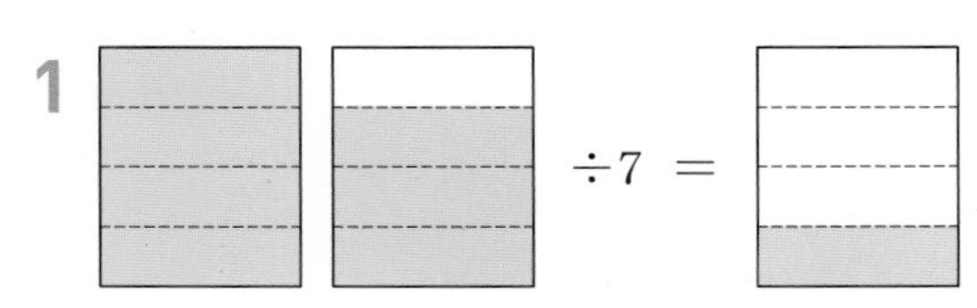

➡ $1\frac{3}{4}\div7=\frac{7}{4}\div7=\frac{7\div7}{4}=\frac{1}{4}$

2 (1) $\frac{3}{2}\div3=\frac{3\div3}{2}=\frac{1}{2}$

$\frac{3}{2}\div3=\frac{\overset{1}{\cancel{3}}}{2}\times\frac{1}{\underset{1}{\cancel{3}}}=\frac{1}{2}$

(2) $\frac{8}{5}\div2=\frac{8\div2}{5}=\frac{4}{5}$

$\frac{8}{5}\div2=\frac{\overset{4}{\cancel{8}}}{5}\times\frac{1}{\underset{1}{\cancel{2}}}=\frac{4}{5}$

(3) $\frac{10}{7}\div5=\frac{10\div5}{7}=\frac{2}{7}$

$\frac{10}{7}\div5=\frac{\overset{2}{\cancel{10}}}{7}\times\frac{1}{\underset{1}{\cancel{5}}}=\frac{2}{7}$

(4) $\frac{15}{4}\div 3=\frac{15\div 3}{4}=\frac{5}{4}=1\frac{1}{4}$

$\frac{15}{4}\div 3=\frac{15}{4}\times\frac{1}{3}=\frac{5}{4}=1\frac{1}{4}$

3 (1) $\frac{7}{3}\div 4=\frac{7}{3}\times\frac{1}{4}=\frac{7}{12}$

(2) $\frac{10}{7}\div 3=\frac{10}{7}\times\frac{1}{3}=\frac{10}{21}$

(3) $\frac{25}{6}\div 10=\frac{25}{6}\times\frac{1}{10}=\frac{5}{12}$

(4) $\frac{16}{9}\div 12=\frac{16}{9}\times\frac{1}{12}=\frac{4}{27}$

4 $1\frac{5}{9}\div 2=\frac{14}{9}\times\frac{1}{2}=\frac{7}{9}$

5 피자 $2\frac{4}{5}$판을 4명이 똑같이 나누어 먹을 때, 한 명이 먹을 수 있는 피자의 양은

$2\frac{4}{5}\div 4=2\frac{4}{5}\times\frac{1}{4}$입니다.

따라서 한 명이 먹을 수 있는 피자의 양을 구하는 식으로 올바른 것을 찾아 모두 ○표 하면 다음과 같습니다.

$2\frac{4}{5}\times\frac{1}{4}$	$2+\left(\frac{4}{5}\div 4\right)$	$2\frac{4}{5}\div 4$
(○)	( )	(○)

6 방법1

$2\frac{4}{5}\div 2=\frac{14}{5}\div 2=\frac{14\div 2}{5}=\frac{7}{5}=1\frac{2}{5}$

방법2

$2\frac{4}{5}\div 2=\frac{14}{5}\div 2=\frac{14}{5}\times\frac{1}{2}=\frac{7}{5}=1\frac{2}{5}$

| 다른 풀이 |

$2\frac{4}{5}\div 2=\left(2+\frac{4}{5}\right)\div 2=(2\div 2)+\left(\frac{4}{5}\div 2\right)$

$=1+\frac{4}{5}\times\frac{1}{2}=1+\frac{2}{5}$

$=1\frac{2}{5}$

7 $5\frac{1}{3}\div 4=\frac{16}{3}\div 4=\frac{16\div 4}{3}=\frac{4}{3}=1\frac{1}{3}$

$5\frac{1}{4}\div 7=\frac{21}{4}\div 7=\frac{21\div 7}{4}=\frac{3}{4}$

$2\frac{1}{4}\div 3=\frac{9}{4}\div 3=\frac{9\div 3}{4}=\frac{3}{4}$

$6\frac{2}{3}\div 5=\frac{20}{3}\div 5=\frac{20\div 5}{3}=\frac{4}{3}=1\frac{1}{3}$

따라서 계산 결과가 같은 분수끼리 선을 그어 연결하면 다음과 같습니다.

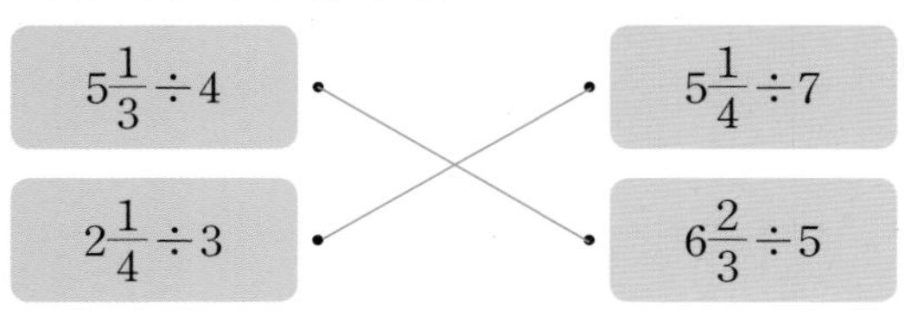

| 다른 풀이 |

$5\frac{1}{3}\div 4=\frac{16}{3}\div 4=\frac{16}{3}\times\frac{1}{4}=\frac{4}{3}=1\frac{1}{3}$

$5\frac{1}{4}\div 7=\frac{21}{4}\div 7=\frac{21}{4}\times\frac{1}{7}=\frac{3}{4}$

$2\frac{1}{4}\div 3=\frac{9}{4}\div 3=\frac{9}{4}\times\frac{1}{3}=\frac{3}{4}$

$6\frac{2}{3}\div 5=\frac{20}{3}\div 5=\frac{20}{3}\times\frac{1}{5}=\frac{4}{3}=1\frac{1}{3}$

8 $3\frac{3}{17}\div 2=\frac{54}{17}\div 2=\frac{54}{17}\times\frac{1}{2}=\frac{27}{17}=1\frac{10}{17}$

$3\frac{3}{17}\div 3=\frac{54}{17}\div 3=\frac{54}{17}\times\frac{1}{3}=\frac{18}{17}=1\frac{1}{17}$

따라서 빈칸에 알맞은 수를 써넣으면 다음과 같습니다.

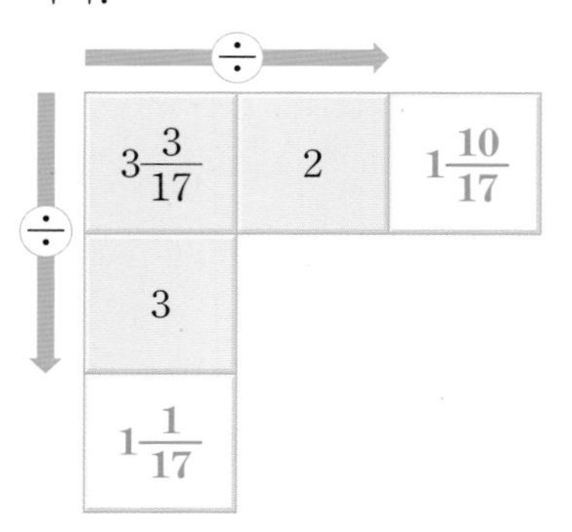

9 (1) $3\frac{6}{7}\div 2=\frac{27}{7}\times\frac{1}{2}=\frac{27}{14}$

$7\frac{1}{7}\div 4=\frac{\overset{25}{\cancel{50}}}{7}\times\frac{1}{\underset{2}{\cancel{4}}}=\frac{25}{14}$

따라서 ○ 안에 알맞은 것은 > 입니다.

(2) $7\frac{1}{7}\div 2=\frac{\overset{25}{\cancel{50}}}{7}\times\frac{1}{\underset{1}{\cancel{2}}}=\frac{25}{7}$

$9\frac{6}{7}\div 3=\frac{\overset{23}{\cancel{69}}}{7}\times\frac{1}{\underset{1}{\cancel{3}}}=\frac{23}{7}$

따라서 ○ 안에 알맞은 것은 > 입니다.

10 $4\frac{2}{9}\div 2=\frac{\overset{19}{\cancel{38}}}{9}\times\frac{1}{\underset{1}{\cancel{2}}}=\frac{19}{9}=2\frac{1}{9}$

$\frac{50}{3}\div 4=\frac{\overset{25}{\cancel{50}}}{3}\times\frac{1}{\underset{2}{\cancel{4}}}=\frac{25}{6}=4\frac{1}{6}$

따라서 $2\frac{1}{9}<\square<4\frac{1}{6}$이므로 □ 안에 들어갈 수 있는 모든 자연수는 3, 4이고 그 합은 7입니다.

11 $1\frac{3}{8}\div 5=\left(1+\frac{3}{8}\right)\div 5$

$=(1\div 5)+\left(\frac{3}{8}\div 5\right)$

$=\frac{1}{5}+\frac{3}{8}\times\frac{1}{5}$

$=\frac{1}{5}+\frac{3}{40}$

$=\frac{8}{40}+\frac{3}{40}=\frac{11}{40}$

| 다른 풀이 |

$1\frac{3}{8}\div 5=\frac{11}{8}\times\frac{1}{5}=\frac{11}{40}$

12 평행사변형의 밑변의 길이는

$12\frac{1}{2}\div 5=\frac{\overset{5}{\cancel{25}}}{2}\times\frac{1}{\underset{1}{\cancel{5}}}=\frac{5}{2}=2\frac{1}{2}$(cm)

입니다.

13 정삼각형의 둘레의 길이는

$2\frac{2}{9}\times 3=\frac{20}{9}\times 3=\frac{60}{9}$(cm)

입니다.

따라서 정오각형의 한 변의 길이는

$\frac{60}{9}\div 5=\frac{\overset{12}{\cancel{60}}}{9}\times\frac{1}{\underset{1}{\cancel{5}}}=\frac{12}{9}=\frac{4}{3}=1\frac{1}{3}$(cm)

입니다.

14 나무 사이의 간격은

$7\frac{1}{5}\div 4=\frac{\overset{9}{\cancel{36}}}{5}\times\frac{1}{\underset{1}{\cancel{4}}}=\frac{9}{5}=1\frac{4}{5}$(m)

입니다.

15 한 봉지의 무게가 $4\frac{2}{3}$kg인 밀가루 4봉지가 있으므로 밀가루 전체의 무게는

$4\frac{2}{3}\times 4=\frac{14}{3}\times 4=\frac{56}{3}$(kg)

입니다.

이 밀가루 4봉지를 7개의 양푼에 똑같이 나누어 담는다면 양푼 한 개에 담을 수 있는 밀가루의 양은

$\frac{56}{3}\div 7=\frac{\overset{8}{\cancel{56}}}{3}\times\frac{1}{\underset{1}{\cancel{7}}}=\frac{8}{3}=2\frac{2}{3}$(kg)

입니다.

16 어떤 수를 □라 합시다.

어떤 수에 7을 곱했더니 $13\frac{1}{8}$이 되었으므로

$\square\times 7=13\frac{1}{8}$

$\square=13\frac{1}{8}\div 7=\frac{\overset{15}{\cancel{105}}}{8}\times\frac{1}{\underset{1}{\cancel{7}}}=\frac{15}{8}$

입니다.

따라서 어떤 수를 7로 나누었을 때의 몫은

$\frac{15}{8}\div 7=\frac{15}{8}\times\frac{1}{7}=\frac{15}{56}$

입니다.

| 다른 풀이 |

어떤 수를 7로 나누어야 하는데 잘못하여 7을 곱했으므로 구하고자 하는 값의 49배가 되었습니다.

따라서 구하고자 하는 값, 즉 어떤 수를 7로 나누었을 때의 몫은

$13\frac{1}{8}\div 49=\frac{\overset{15}{\cancel{105}}}{8}\times\frac{1}{\underset{7}{\cancel{49}}}=\frac{15}{56}$

입니다.

단원 총정리

단원평가문제

본문 p. 43

1

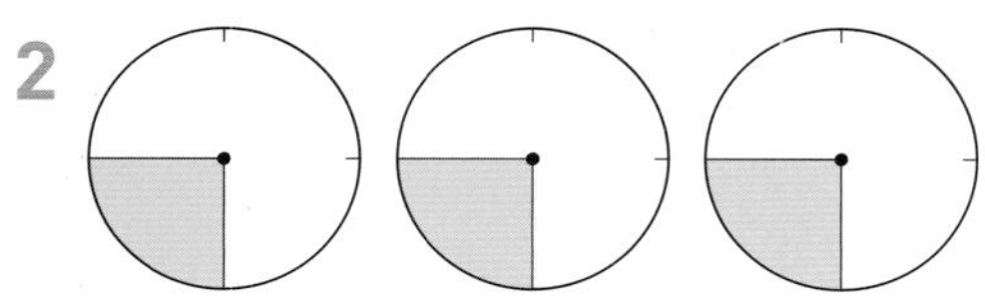

$1\div5=\frac{1}{5}$

2

$1\div4=\frac{1}{4}$이고 $3\div4$는 $\frac{1}{4}$이 3개이므로

$3\div4=\frac{3}{4}$입니다.

3

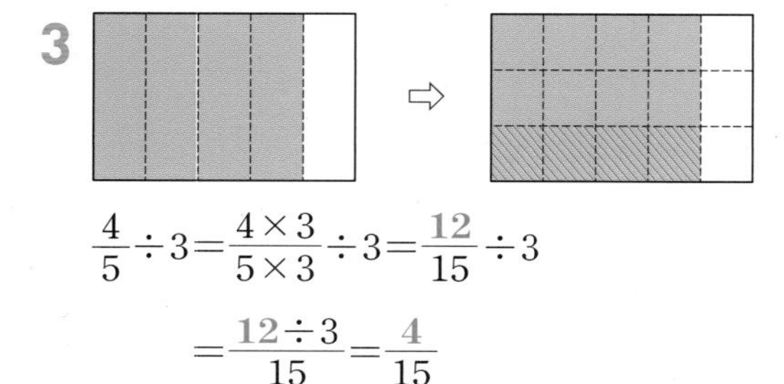

$\frac{4}{5}\div3=\frac{4\times3}{5\times3}\div3=\frac{12}{15}\div3$

$=\frac{12\div3}{15}=\frac{4}{15}$

4

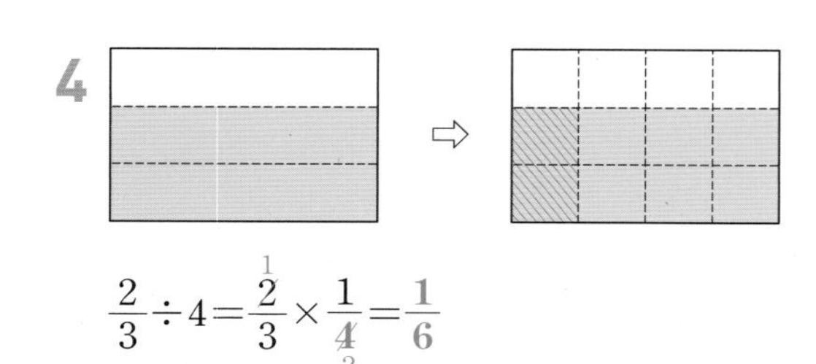

$\frac{2}{3}\div4=\frac{\overset{1}{\cancel{2}}}{3}\times\frac{1}{\underset{2}{\cancel{4}}}=\frac{1}{6}$

5 $1\div5=\frac{1}{5}$입니다.

따라서 2부터 9까지의 자연수 중에서

$\frac{1}{5}<\frac{1}{\square}$의 □ 안에 들어갈 수 있는 자연수는

2, 3, 4입니다.

6 ㉠ $\frac{8}{9}\div4=\frac{8\div4}{9}=\frac{2}{9}$

㉡ $\frac{4}{15}\div2=\frac{4\div2}{15}=\frac{2}{15}$

㉢ $\frac{6}{11}\div3=\frac{6\div3}{11}=\frac{2}{11}$

㉣ $\frac{14}{17}\div7=\frac{14\div7}{17}=\frac{2}{17}$

분자가 모두 2로 같으므로 분모가 클수록 작은 수입니다.

따라서 계산 결과가 가장 작은 식의 기호는 ㉣입니다.

| 다른 풀이 |

㉠ $\frac{8}{9}\div4=\frac{\overset{2}{\cancel{8}}}{9}\times\frac{1}{\underset{1}{\cancel{4}}}=\frac{2}{9}$

㉡ $\frac{4}{15}\div2=\frac{\overset{2}{\cancel{4}}}{15}\times\frac{1}{\underset{1}{\cancel{2}}}=\frac{2}{15}$

㉢ $\frac{6}{11}\div3=\frac{\overset{2}{\cancel{6}}}{11}\times\frac{1}{\underset{1}{\cancel{3}}}=\frac{2}{11}$

㉣ $\frac{14}{17}\div7=\frac{\overset{2}{\cancel{14}}}{17}\times\frac{1}{\underset{1}{\cancel{7}}}=\frac{2}{17}$

7 $21\div4=\frac{21}{4}=5\frac{1}{4}$

$21\div4<5\frac{\square}{3}$에서 $5\frac{1}{4}<5\frac{\square}{3}$이므로

$\frac{1}{4}<\frac{\square}{3}$입니다.

이때 분모의 최소공배수 12로 통분하면

$\frac{3}{12}<\frac{4\times\square}{12}$, $3<4\times\square$

따라서 □ 안에 들어갈 수 있는 가장 작은 자연수는 1입니다.

8 $\frac{6}{7}\div3=\frac{6\div3}{7}=\frac{6}{7}\times\frac{1}{3}$입니다.

따라서 $\frac{4}{7}\div3$의 몫과 관계없는 식의 기호는 ㉠입니다.

9 $\frac{4}{7}\div2=\frac{4\div2}{7}=\frac{2}{7}$

$\frac{6}{7}\div18=\frac{\overset{1}{\cancel{6}}}{7}\times\frac{1}{\underset{3}{\cancel{18}}}=\frac{1}{21}$

$\frac{3}{7} \div 4 = \frac{3}{7} \times \frac{1}{4} = \frac{3}{28}$

$\frac{6}{7} \div 8 = \frac{6}{7} \times \frac{1}{8} = \frac{3}{28}$

$\frac{2}{7} \div 6 = \frac{2}{7} \times \frac{1}{6} = \frac{1}{21}$

$\frac{8}{7} \div 4 = \frac{8}{7} \times \frac{1}{4} = \frac{2}{7}$

따라서 나눗셈의 몫이 같은 것끼리 선을 그어 연결하면 다음과 같습니다.

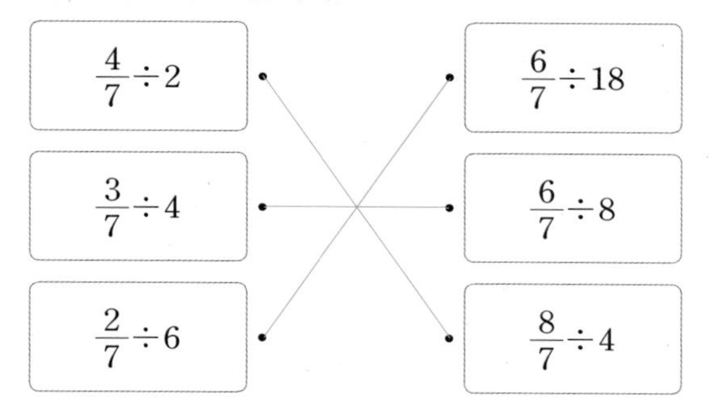

| 다른 풀이 |

$\frac{4}{7} \div 2 = \frac{4}{7} \times \frac{1}{2} = \frac{2}{7}$

$\frac{8}{7} \div 4 = \frac{8 \div 4}{7} = \frac{2}{7}$

10 (1) $\frac{8}{13} \div 4 = \frac{8 \div 4}{13} = \frac{2}{13}$

(2) $\frac{8}{13} \div 4 = \frac{8}{13} \times \frac{1}{4} = \frac{2}{13}$

(3) $\frac{8}{13} \div 4 = \frac{8 \times 4}{13 \times 4} \div 4 = \frac{32 \div 4}{52}$

$= \frac{8}{52} = \frac{2}{13}$

11 ㉠$= \frac{5}{7} \div 3 = \frac{5}{7} \times \frac{1}{3} = \frac{5}{21}$

㉡$= \frac{2}{3} \div 2 = \frac{2}{3} \times \frac{1}{2} = \frac{1}{3} = \frac{7}{21}$

㉠+㉡$= \frac{5}{21} + \frac{7}{21} = \frac{12}{21} = \frac{4}{7}$

12 방법1 $\frac{16}{9} \div 8 = \frac{16 \div 8}{9} = \frac{2}{9}$

방법2 $\frac{16}{9} \div 8 = \frac{16}{9} \times \frac{1}{8} = \frac{2}{9}$

13 어떤 분수를 □라 합시다.

어떤 분수에 4를 곱했더니 $\frac{11}{9}$이 되었으므로

$\square \times 4 = \frac{11}{9}$

$\square = \frac{11}{9} \div 4 = \frac{11}{9} \times \frac{1}{4} = \frac{11}{36}$

14 $4\frac{12}{13} \div 2 = \left(4 + \frac{12}{13}\right) \div 2$

$= (4 \div 2) + \left(\frac{12}{13} \div 2\right)$

$= 2 + \frac{12 \div 2}{13}$

$= 2 + \frac{6}{13}$

$= 2\frac{6}{13}$

| 다른 풀이 |

$4\frac{12}{13} \div 2 = \frac{64}{13} \div 2 = \frac{64 \div 2}{13} = \frac{32}{13} = 2\frac{6}{13}$

15 $4\frac{1}{7} \div 2 = \frac{29}{7} \times \frac{1}{2} = \frac{29}{14}$

$\frac{\square}{7} < 4\frac{1}{7} \div 2$에서 $\frac{\square}{7} < \frac{29}{14}$이므로

$\frac{\square \times 2}{7 \times 2} < \frac{29}{14}$, $\frac{\square \times 2}{14} < \frac{29}{14}$, $\square \times 2 < 29$

따라서 □ 안에 들어갈 수 있는 자연수 중에서 가장 큰 수는 14입니다.

16 $\square \times 25 = 10\frac{5}{7}$이므로

$\square = 10\frac{5}{7} \div 25 = \frac{75}{7} \div 25$

$= \frac{75}{7} \times \frac{1}{25} = \frac{3}{7}$

17 $3\frac{1}{5} \div 3 = \frac{16}{5} \times \frac{1}{3} = \frac{16}{15}$

$\frac{16}{15} \div 4 = \frac{16 \div 4}{15} = \frac{4}{15}$

따라서 빈칸에 알맞은 수를 써넣으면 다음과 같습니다.

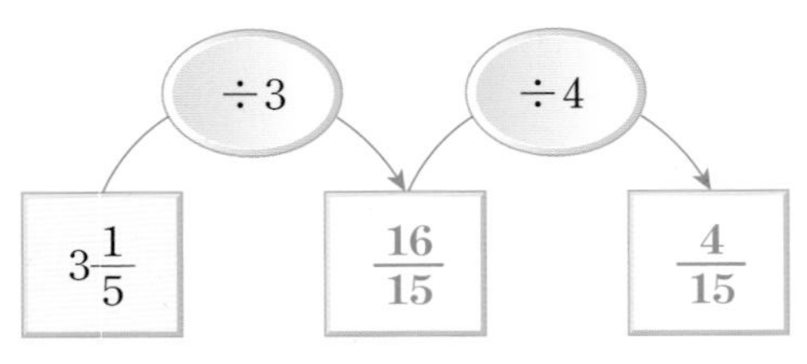

18 $\frac{63}{8}\div 9=\frac{63\div 9}{8}=\frac{7}{8}$이므로 ㉠=7입니다.

$10\frac{2}{7}\div 8=\frac{72}{7}\div 8=\frac{72}{7}\times\frac{1}{8}=\frac{9}{7}=1\frac{2}{7}$이므로

㉡=2입니다.

따라서 ㉠+㉡=7+2=9입니다.

19 $\frac{4}{5}\div 7=\frac{4}{5}\times\frac{1}{7}=\frac{4}{35}$

또는 $\frac{4}{7}\div 5=\frac{4}{7}\times\frac{1}{5}=\frac{4}{35}$

20 카드 2장을 골라 만들 수 있는 가장 큰 분수는 $\frac{9}{2}$ 입니다.

이때 나머지 수 3, 5, 7 중에서 7로 나누면 가장 작은 수가 됩니다.

$\frac{9}{2}\div 7=\frac{9}{2}\times\frac{1}{7}=\frac{9}{14}$

21 $\frac{14}{5}\div 7=\frac{14\div 7}{5}=\frac{2}{5}$(L)

22 $24\frac{2}{3}\div 6=\frac{74}{3}\div 6=\frac{74}{3}\times\frac{1}{6}$

$=\frac{37}{9}=4\frac{1}{9}$(cm)

| 다른 풀이 |

$24\frac{2}{3}\div 6=\left(24+\frac{2}{3}\right)\div 6$

$=(24\div 6)+\left(\frac{2}{3}\div 6\right)$

$=4+\frac{2}{3}\times\frac{1}{6}$

$=4+\frac{1}{9}=4\frac{1}{9}$

23 한 변의 길이가 $1\frac{3}{7}$cm인 정사각형의 둘레의 길이는

$1\frac{3}{7}\times 4=\frac{10}{7}\times 4=\frac{40}{7}$(cm)

입니다.

따라서 정오각형의 한 변의 길이는

$\frac{40}{7}\div 5=\frac{40\div 5}{7}=\frac{8}{7}=1\frac{1}{7}$(cm)

입니다.

24 $\frac{1}{4}$과 $5\frac{3}{8}$ 사이의 거리는

$5\frac{3}{8}-\frac{1}{4}=\frac{43}{8}-\frac{1}{4}=\frac{43}{8}-\frac{2}{8}=\frac{41}{8}$

입니다.

이때 1칸의 간격은

$\frac{41}{8}\div 5=\frac{41}{8}\times\frac{1}{5}=\frac{41}{40}$

입니다.

따라서 ㉠이 나타내는 수는

$\frac{1}{4}+\frac{41}{40}=\frac{10}{40}+\frac{41}{40}=\frac{51}{40}=1\frac{11}{40}$

입니다.

25 일정한 빠르기로 가는 자전거로 8분 동안 $6\frac{4}{9}$km를 간다면 1분 동안 $6\frac{4}{9}\div 8$(km)를 갑니다.

$6\frac{4}{9}\div 8=\frac{58}{9}\times\frac{1}{8}=\frac{29}{36}$

따라서 1분 동안 $\frac{29}{36}$km를 가므로 5분 동안 갈 수 있는 거리는

$\frac{29}{36}\times 5=\frac{145}{36}=4\frac{1}{36}$(km)

입니다.

26 정삼각형 1개의 둘레는

$\frac{16}{3}\div 3=\frac{16}{3}\times\frac{1}{3}=\frac{16}{9}$(m)

입니다.

따라서 정삼각형의 한 변의 길이는

$\frac{16}{9}\div3=\frac{16}{9}\times\frac{1}{3}=\frac{16}{27}$(m)

입니다.

27 ㉠과 ㉡ 사이의 거리는

$$4\frac{3}{5}-3\frac{1}{3}=\frac{23}{5}-\frac{10}{3}=\frac{23\times3}{5\times3}-\frac{10\times5}{3\times5}=\frac{69}{15}-\frac{50}{15}=\frac{19}{15}$$

입니다.

㉠과 ㉡ 사이의 거리를 5등분한 1칸의 거리는

$\frac{19}{15}\div5=\frac{19}{15}\times\frac{1}{5}=\frac{19}{75}$

입니다.

따라서 ㉢이 가르키는 수는

$$3\frac{1}{3}+\frac{19}{75}\times2=\frac{10}{3}+\frac{38}{75}=\frac{10\times25}{3\times25}+\frac{38}{75}=\frac{250}{75}+\frac{38}{75}=\frac{288}{75}=3\frac{63}{75}$$

입니다.

28 사다리꼴의 넓이는

$\frac{1}{2}\times$(높이)$\times$\{(아랫변의 길이)+(윗변의 길이)\}

입니다.

아랫변의 길이를 □cm라 하면

$5\frac{7}{8}=\frac{1}{2}\times4\times\left(\square+2\frac{1}{4}\right)$

입니다.

$5\frac{7}{8}=2\times\left(\square+2\frac{1}{4}\right)$

$$\square+2\frac{1}{4}=5\frac{7}{8}\div2=\frac{47}{8}\times\frac{1}{2}=\frac{47}{16}$$

$$\square=\frac{47}{16}-2\frac{1}{4}=\frac{47}{16}-\frac{9}{4}=\frac{47}{16}-\frac{9\times4}{4\times4}=\frac{47}{16}-\frac{36}{16}=\frac{11}{16}$$

따라서 아랫변의 길이는 $\frac{11}{16}$cm입니다.

분모가 같은 (분수)÷(분수)

바로! 확인문제

본문 p. 53

1 (1) $\frac{4}{5}$는 $\frac{1}{5}$이 4개이고 $\frac{2}{5}$는 $\frac{1}{5}$이 2개이므로

$\frac{4}{5}\div\frac{2}{5}$는 4를 2로 나누는 것과 같습니다.

$\frac{4}{5}\div\frac{2}{5}=4\div2=2$

(2) $\frac{9}{10}$는 $\frac{1}{10}$이 9개이고 $\frac{3}{10}$은 $\frac{1}{10}$이 3개이므로

$\frac{9}{10}\div\frac{3}{10}$은 9를 3으로 나누는 것과 같습니다.

$\frac{9}{10}\div\frac{3}{10}=9\div3=3$

2 (1) $\frac{2}{3}\div\frac{1}{3}=2\div1=1$

(2) $\frac{6}{7}\div\frac{3}{7}=6\div3=2$

(3) $\frac{8}{11}\div\frac{2}{11}=8\div2=4$

(4) $\frac{8}{15}\div\frac{4}{15}=8\div4=2$

3 (1) $\frac{4}{5}\div\frac{3}{5}=4\div3=\frac{4}{3}=1\frac{1}{3}$

(2) $\frac{6}{7}\div\frac{5}{7}=6\div5=\frac{6}{5}=1\frac{1}{5}$

(3) $\frac{7}{9}\div\frac{4}{9}=7\div4=\frac{7}{4}=1\frac{3}{4}$

(4) $\frac{8}{11}\div\frac{6}{11}=8\div6=\frac{8}{6}=\frac{4}{3}=1\frac{1}{3}$

4 분모와 분자를 바꾼 수를 역수라고 합니다.

(1) $\frac{1}{2}\rightarrow\frac{2}{1}=2$

(2) $\frac{1}{3}\rightarrow\frac{3}{1}=3$

(3) $4=\frac{4}{1}\rightarrow\frac{1}{4}$

(4) $5=\frac{5}{1}\rightarrow\frac{1}{5}$

(5) $\frac{5}{6} \rightarrow \frac{6}{5}$

(6) $\frac{4}{7} \rightarrow \frac{7}{4}$

본문 p. 54

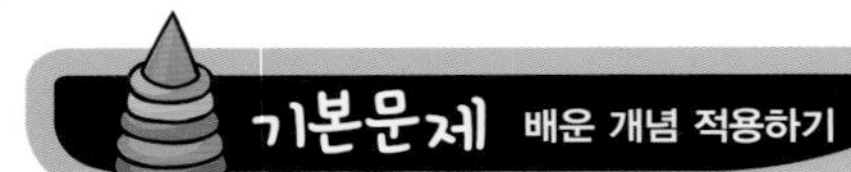

1 (1) $\frac{6}{6}$은 $\frac{1}{6}$이 6개이고 $\frac{3}{6}$은 $\frac{1}{6}$이 3개이므로

$\frac{6}{6} \div \frac{3}{6}$은 6을 3으로 나누는 것과 같습니다.

$\frac{6}{6} \div \frac{3}{6} = 6 \div 3 = 2$

(2) $\frac{8}{9}$은 $\frac{1}{9}$이 8개이고 $\frac{2}{9}$는 $\frac{1}{9}$이 2개이므로

$\frac{8}{9} \div \frac{2}{9}$는 8을 2로 나누는 것과 같습니다.

$\frac{8}{9} \div \frac{2}{9} = 8 \div 2 = 4$

2 (1) $\frac{3}{4} \div \frac{1}{4}$

➡ $\frac{3}{4}$에서 $\frac{1}{4}$을 3번 덜어낼 수 있습니다.

➡ $\frac{3}{4} \div \frac{1}{4} = 3$

(2) $\frac{4}{9} \div \frac{2}{9}$

➡ $\frac{4}{9}$는 $\frac{1}{9}$이 4개, $\frac{2}{9}$는 $\frac{1}{9}$이 2개입니다.

➡ $\frac{4}{9} \div \frac{2}{9} = 4 \div 2 = 2$

(3) $\frac{10}{11} \div \frac{5}{11}$

➡ $\frac{10}{11}$은 $\frac{1}{11}$이 10개, $\frac{5}{11}$는 $\frac{1}{11}$이 5개입니다.

➡ $\frac{10}{11} \div \frac{5}{11} = 10 \div 5 = 2$

3 (1) $\frac{4}{7} \div \frac{2}{7} = 4 \div 2 = 2$

(2) $\frac{8}{13} \div \frac{4}{13} = 8 \div 4 = 2$

(3) $\frac{14}{15} \div \frac{7}{15} = 14 \div 7 = 2$

(4) $\frac{15}{17} \div \frac{5}{17} = 15 \div 5 = 3$

4 (1) $\frac{6}{11} \div \frac{2}{11} = 6 \div 2 = 3$

(2) $\frac{8}{15} \div \frac{4}{15} = 8 \div 4 = 2$

(3) $\frac{15}{16} \div \frac{3}{16} = 15 \div 3 = 5$

(4) $\frac{16}{25} \div \frac{4}{25} = 16 \div 4 = 4$

5 (1) $\frac{3}{6} \div \frac{2}{6}$

➡ 완전한 1묶음$+\frac{1}{2}$묶음

➡ $\frac{3}{6} \div \frac{2}{6} = 1 + \frac{1}{2} = 1\frac{1}{2}$

(2) $\frac{7}{9} \div \frac{3}{9}$

➡ 완전한 2묶음$+\frac{1}{3}$묶음

➡ $\frac{7}{9} \div \frac{3}{9} = 2 + \frac{1}{3} = 2\frac{1}{3}$

6 (1) $\frac{3}{5} \div \frac{2}{5}$

➡ 완전한 1묶음$+\frac{1}{2}$묶음

➡ $\frac{3}{5} \div \frac{2}{5} = 1 + \frac{1}{2} = 1\frac{1}{2}$

(2) $\frac{8}{10} \div \frac{3}{10}$

➡ 완전한 2묶음$+\frac{2}{3}$묶음

➡ $\frac{8}{10} \div \frac{3}{10} = 2 + \frac{2}{3} = 2\frac{2}{3}$

7 (1) $\frac{8}{9} \div \frac{4}{9} = 8 \div 4 = 2$

(2) $\frac{11}{15} \div \frac{4}{15} = 11 \div 4 = \frac{11}{4} = 2\frac{3}{4}$

8 (1) $\frac{8}{9} \div \frac{1}{9} = 8 \div 1 = 8$

(2) $\frac{9}{11} \div \frac{3}{11} = 9 \div 3 = 3$

(3) $\frac{11}{12} \div \frac{7}{12} = 11 \div 7 = \frac{11}{7} = 1\frac{4}{7}$

(4) $\frac{15}{17} \div \frac{9}{17} = 15 \div 9 = \frac{15}{9} = \frac{5}{3} = 1\frac{2}{3}$

본문 p. 56

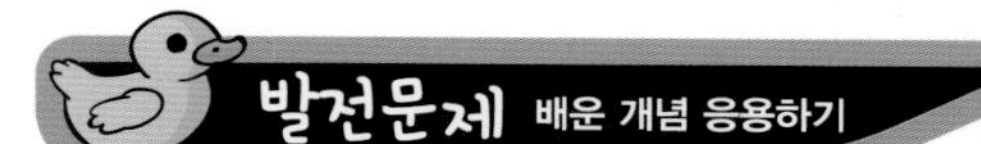

1

0, $\frac{4}{5}$, 1

$\frac{4}{5}$는 $\frac{1}{5}$이 4개이므로 $\frac{4}{5} \div \frac{1}{5}$은 4를 1로 나눈 것과 같습니다.

➡ $\frac{4}{5} \div \frac{1}{5} = 4 \div 1 = 4$

2 (1) $\frac{4}{5}$에서 $\frac{2}{5}$를 2번 덜어낼 수 있으므로 $\frac{4}{5} \div \frac{2}{5} = 2$입니다.

(2) $\frac{6}{7} - \frac{2}{7} - \frac{2}{7} - \frac{2}{7} = 0$은 $\frac{6}{7}$에서 $\frac{2}{7}$를 3번 덜어낼 수 있다는 의미이므로 $\frac{6}{7} \div \frac{2}{7} = 3$입니다.

(3) $\frac{6}{11}$은 $\frac{1}{11}$이 6개이고 $\frac{3}{11}$은 $\frac{1}{11}$이 3개이므로 $\frac{6}{11} \div \frac{3}{11}$은 6을 3으로 나누는 것과 같습니다.

따라서 $\frac{6}{11} \div \frac{3}{11} = 6 \div 3 = 2$입니다.

(4) $\frac{12}{13}$는 $\frac{1}{13}$이 12개이고 $\frac{3}{13}$은 $\frac{1}{13}$이 3개이므로 $\frac{12}{13} \div \frac{3}{13}$은 12를 3으로 나누는 것과 같습니다.

따라서 $\frac{12}{13} \div \frac{3}{13} = 12 \div 3 = 4$입니다.

3 $\frac{6}{7} \div \frac{3}{7} = 6 \div 3$

$\frac{9}{10} \div \frac{3}{10} = 9 \div 3$

$\frac{8}{9} \div \frac{2}{9} = 8 \div 2$

따라서 관계 있는 것끼리 선을 그어 연결하면 다음과 같습니다.

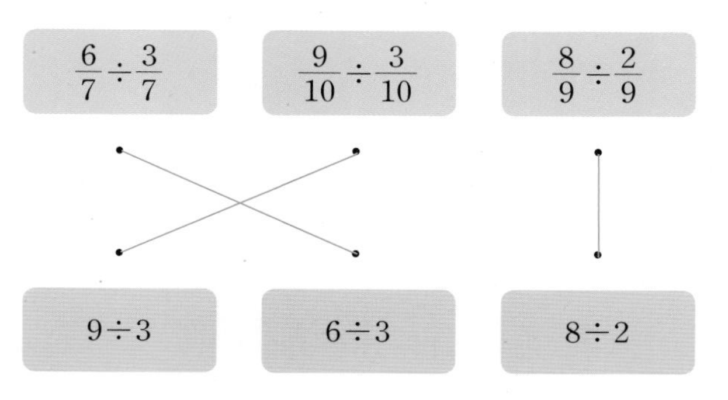

4

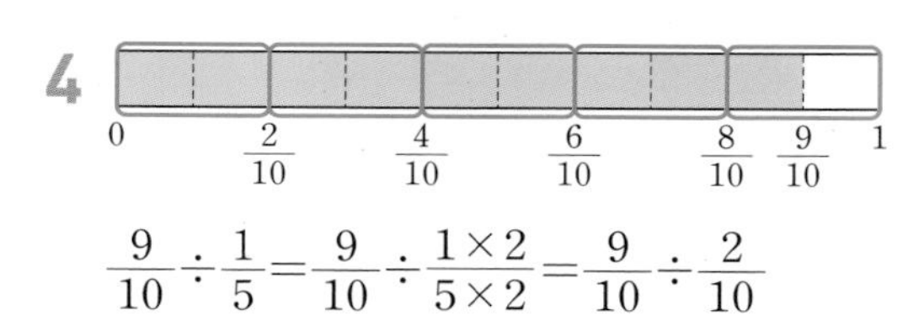

$\frac{9}{10} \div \frac{1}{5} = \frac{9}{10} \div \frac{1 \times 2}{5 \times 2} = \frac{9}{10} \div \frac{2}{10}$

➡ 완전한 4묶음$+\frac{1}{2}$묶음

➡ $\frac{9}{10} \div \frac{1}{5} = \frac{9}{10} \div \frac{2}{10} = 9 \div 2 = \frac{9}{2} = 4\frac{1}{2}$

5 $\frac{7}{10} \div \frac{2}{5} = \frac{7}{10} \div \frac{2 \times 2}{5 \times 2}$

$= \frac{7}{10} \div \frac{4}{10} = 7 \div 4$

$= \frac{7}{4} = 1\frac{3}{4}$

$\frac{7}{13} \div \frac{4}{13} = 7 \div 4 = \frac{7}{4} = 1\frac{3}{4}$

따라서 ○ 안에 알맞은 것은 $=$입니다.

6 (1) $\frac{9}{13} \div \frac{3}{13} = 9 \div 3 = 3$

따라서 큰 수 $\frac{9}{13}$는 작은 수 $\frac{3}{13}$의 3배입니다.

(2) $\frac{7}{15} \div \frac{2}{15} = 7 \div 2 = \frac{7}{2} = 3\frac{1}{2}$

따라서 큰 수 $\frac{7}{15}$은 작은 수 $\frac{2}{15}$의 $3\frac{1}{2}$배입니다.

7 $\frac{7}{11} \div \frac{\square}{11} = 7 \div \square = \frac{7}{\square}$

$1\frac{2}{5} = \frac{7}{5}$이므로 $\frac{7}{\square} = \frac{7}{5}$, $\square = 5$

8 $\frac{10}{13} \div \frac{4}{13} = 10 \div 4 = \frac{10}{4} = \frac{5}{2} = 2\frac{1}{2}$

따라서 직사각형의 가로의 길이는 세로의 길이의 $2\frac{1}{2}$배입니다.

9 $\square \times \frac{5}{17} = \frac{14}{17}$이므로

$\square = \frac{14}{17} \div \frac{5}{17} = 14 \div 5 = \frac{14}{5} = 2\frac{4}{5}$

10 계산 결과가 가장 크려면 가장 큰 수를 가장 작은 수로 나누어야 합니다.

$\frac{21}{25} \div \frac{9}{25} = 21 \div 9 = \frac{21}{9} = \frac{7}{3} = 2\frac{1}{3}$

11 $\frac{27}{28} \div \frac{5}{28} = 27 \div 5 = \frac{27}{5} = 5\frac{2}{5}$

따라서 $\square < 5\frac{2}{5}$이므로 $\square$ 안에 들어갈 수 있는 자연수를 모두 구하면 1, 2, 3, 4, 5입니다.

12 (1) $\frac{6}{7} \div \frac{2}{7} = \frac{\overset{3}{\cancel{6}}}{\underset{1}{\cancel{7}}} \times \frac{\overset{1}{\cancel{7}}}{\underset{1}{\cancel{2}}} = 3$

(2) $\frac{3}{10} \div \frac{9}{10} = \frac{\overset{1}{\cancel{3}}}{\underset{1}{\cancel{10}}} \times \frac{\overset{1}{\cancel{10}}}{\underset{3}{\cancel{9}}} = \frac{1}{3}$

(3) $\frac{7}{8} \div \frac{3}{8} = \frac{7}{\underset{1}{\cancel{8}}} \times \frac{\overset{1}{\cancel{8}}}{3} = \frac{7}{3} = 2\frac{1}{3}$

(4) $\frac{7}{15} \div \frac{13}{15} = \frac{7}{\underset{1}{\cancel{15}}} \times \frac{\overset{1}{\cancel{15}}}{13} = \frac{7}{13}$

13 $\frac{28}{35} \div \frac{4}{35} = 28 \div 4 = 7$

따라서 하루에 $\frac{4}{35}$ L씩 마시면 7일 동안 마실 수 있습니다.

14 $\frac{7}{9} \div \frac{4}{9} = 7 \div 4 = \frac{7}{4} = 1\frac{3}{4}$

따라서 포도의 무게는 망고의 무게의 $1\frac{3}{4}$배입니다.

15 $\frac{176}{267} \div \frac{80}{267} = 176 \div 80$

$= \frac{176}{80} = \frac{11}{5} = 2\frac{1}{5}$

따라서 어제 읽은 쪽수는 오늘 읽은 쪽수의 $2\frac{1}{5}$배입니다.

16 진분수의 나눗셈이므로 두 분수의 분모는 6과 3보다 커야 합니다.

진분수의 분모가 10보다 작고 홀수이므로 분모는 7과 9입니다.

따라서 조건을 만족하는 나눗셈식은

$\frac{6}{7} \div \frac{3}{7} = 6 \div 3 = 2$, $\frac{6}{9} \div \frac{3}{9} = 6 \div 3 = 2$

입니다.

분모가 다른 (분수)÷(분수)

바로! 확인문제

본문 p. 61

1 (1) 2와 3의 최소공배수는 6입니다.

$\left(\frac{1}{2}, \frac{1}{3}\right) \Rightarrow \left(\frac{1\times3}{2\times3}, \frac{1\times2}{3\times2}\right) = \left(\frac{3}{6}, \frac{2}{6}\right)$

(2) 3과 4의 최소공배수는 12입니다.

$\left(\frac{2}{3}, \frac{3}{4}\right) \Rightarrow \left(\frac{2\times4}{3\times4}, \frac{3\times3}{4\times3}\right) = \left(\frac{8}{12}, \frac{9}{12}\right)$

(3) 2와 4의 최소공배수는 4입니다.

$\left(\frac{1}{2}, \frac{3}{4}\right) \Rightarrow \left(\frac{1\times2}{2\times2}, \frac{3}{4}\right) = \left(\frac{2}{4}, \frac{3}{4}\right)$

(4) 3과 9의 최소공배수는 9입니다.

$\left(\frac{1}{3}, \frac{2}{9}\right) \Rightarrow \left(\frac{1\times3}{3\times3}, \frac{2}{9}\right) = \left(\frac{3}{9}, \frac{2}{9}\right)$

(5) 9와 6의 최소공배수는 18입니다.

$\left(\frac{4}{9}, \frac{5}{6}\right) \Rightarrow \left(\frac{4\times2}{9\times2}, \frac{5\times3}{6\times3}\right) = \left(\frac{8}{18}, \frac{15}{18}\right)$

(6) 12와 8의 최소공배수는 24입니다.

$\left(\frac{7}{12}, \frac{3}{8}\right) \Rightarrow \left(\frac{7\times2}{12\times2}, \frac{3\times3}{8\times3}\right) = \left(\frac{14}{24}, \frac{9}{24}\right)$

2 (1) $\frac{2}{5}\div\frac{1}{6}=\frac{2\times6}{5\times6}\div\frac{1\times5}{6\times5}$

(2) $\frac{1}{4}\div\frac{3}{7}=\frac{1\times7}{4\times7}\div\frac{3\times4}{7\times4}$

3 (1) 4와 8의 최소공배수는 8입니다.

$\frac{3}{4}\div\frac{5}{8}=\frac{3\times2}{4\times2}\div\frac{5}{8}$

(2) 5와 10의 최소공배수는 10입니다.

$\frac{3}{5}\div\frac{2}{10}=\frac{3\times2}{5\times2}\div\frac{2}{10}$

4 (1) 12와 15의 최소공배수는 60입니다.

$\frac{7}{12}\div\frac{4}{15}=\frac{7\times5}{12\times5}\div\frac{4\times4}{15\times4}$

(2) 12와 16의 최소공배수는 48입니다.

$\frac{5}{12}\div\frac{7}{16}=\frac{5\times4}{12\times4}\div\frac{7\times3}{16\times3}$

본문 p. 62

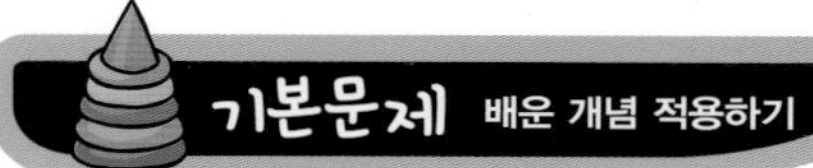

1 (1) $\frac{3}{4}=\frac{3\times2}{4\times2}=\frac{6}{8}$입니다.

$\frac{6}{8}$은 $\frac{1}{8}$이 6개이고 $\frac{3}{8}$은 $\frac{1}{8}$이 3개이므로

$\frac{3}{4}\div\frac{3}{8}$은 6을 3으로 나누는 것과 같습니다.

$\frac{3}{4}\div\frac{3}{8}=\frac{6}{8}\div\frac{3}{8}=6\div3=2$

(2) $\frac{5}{7}=\frac{5\times2}{7\times2}=\frac{10}{14}$입니다.

$\frac{10}{14}$은 $\frac{1}{14}$이 10개이고 $\frac{3}{14}$은 $\frac{1}{14}$이 3개이므로

$\frac{5}{7}\div\frac{3}{14}$은 10을 3으로 나누는 것과 같습니다.

$\frac{5}{7}\div\frac{3}{14}=\frac{10}{14}\div\frac{3}{14}=10\div3=\frac{10}{3}=3\frac{1}{3}$

2 (1) 분모를 통분합니다.

➡ $\frac{1}{2}=\frac{1\times3}{2\times3}=\frac{3}{6}$

(2) 분모가 같은 분수의 나눗셈을 합니다.

➡ $\frac{1}{2}\div\frac{1}{6}=\frac{3}{6}\div\frac{1}{6}=3\div1=3$

3 (1) $\frac{2}{3}\div\frac{1}{9}=\frac{2\times3}{3\times3}\div\frac{1}{9}$

$=\frac{6}{9}\div\frac{1}{9}=6\div1=6$

(2) $\frac{3}{5}\div\frac{3}{10}=\frac{3\times2}{5\times2}\div\frac{3}{10}$

$=\frac{6}{10}\div\frac{3}{10}=6\div3=2$

4 (1) $\frac{1}{2}\div\frac{1}{4}=\frac{1\times2}{2\times2}\div\frac{1}{4}=\frac{2}{4}\div\frac{1}{4}$

$=2\div1=2$

(2) $\frac{4}{5}\div\frac{4}{15}=\frac{4\times3}{5\times3}\div\frac{4}{15}=\frac{12}{15}\div\frac{4}{15}$

$=12\div4=3$

(3) $\frac{5}{6}\div\frac{5}{12}=\frac{5\times2}{6\times2}\div\frac{5}{12}=\frac{10}{12}\div\frac{5}{12}$

$=10\div5=2$

(4) $\frac{6}{7}\div\frac{2}{21}=\frac{6\times3}{7\times3}\div\frac{2}{21}=\frac{18}{21}\div\frac{2}{21}$

$=18\div2=9$

5 (1) $\frac{3}{4}\div\frac{1}{2}=\frac{3}{4}\div\frac{1\times2}{2\times2}=\frac{3}{4}\div\frac{2}{4}$

$=3\div2=\frac{3}{2}=1\frac{1}{2}$

(2) $\frac{9}{10}\div\frac{1}{5}=\frac{9}{10}\div\frac{1\times2}{5\times2}=\frac{9}{10}\div\frac{2}{10}$

$=9\div2=\frac{9}{2}=4\frac{1}{2}$

(3) $\frac{1}{12}\div\frac{5}{6}=\frac{1}{12}\div\frac{5\times2}{6\times2}=\frac{1}{12}\div\frac{10}{12}$

$=1\div10=\frac{1}{10}$

(4) $\frac{2}{9}\div\frac{2}{3}=\frac{2}{9}\div\frac{2\times3}{3\times3}=\frac{2}{9}\div\frac{6}{9}$

$=2\div6=\frac{2}{6}=\frac{1}{3}$

6 (1) $\frac{2}{3}\div\frac{3}{4}=\frac{2\times4}{3\times4}\div\frac{3\times3}{4\times3}$

$=\frac{8}{12}\div\frac{9}{12}=8\div9=\frac{8}{9}$

(2) $\frac{5}{6} \div \frac{2}{9} = \frac{5 \times 9}{6 \times 9} \div \frac{2 \times 6}{9 \times 6}$

$= \frac{45}{54} \div \frac{12}{54} = 45 \div 12 = \frac{45}{12}$

$= \frac{15}{4} = 3\frac{3}{4}$

7 (1) $\frac{5}{6} \div \frac{3}{4}$

➡ 6과 4의 최소공배수는 12입니다.

➡ $\frac{5 \times 2}{6 \times 2} \div \frac{3 \times 3}{4 \times 3} = \frac{10}{12} \div \frac{9}{12}$

$= 10 \div 9$

$= \frac{10}{9} = 1\frac{1}{9}$

(2) $\frac{8}{9} \div \frac{7}{12}$

➡ 9와 12의 최소공배수는 36입니다.

➡ $\frac{8 \times 4}{9 \times 4} \div \frac{7 \times 3}{12 \times 3} = \frac{32}{36} \div \frac{21}{36}$

$= 32 \div 21$

$= \frac{32}{21} = 1\frac{11}{21}$

8 (1) $\frac{3}{4} \div \frac{2}{5} = \frac{3 \times 5}{4 \times 5} \div \frac{2 \times 4}{5 \times 4} = \frac{15}{20} \div \frac{8}{20}$

$= \frac{15}{8} = 1\frac{7}{8}$

(2) $\frac{5}{6} \div \frac{1}{12} = \frac{5 \times 2}{6 \times 2} \div \frac{1}{12} = \frac{10}{12} \div \frac{1}{12}$

$= 10 \div 1 = 10$

(3) $\frac{5}{8} \div \frac{1}{6} = \frac{5 \times 3}{8 \times 3} \div \frac{1 \times 4}{6 \times 4} = \frac{15}{24} \div \frac{4}{24}$

$= 15 \div 4 = \frac{15}{4} = 3\frac{3}{4}$

(4) $\frac{5}{6} \div \frac{4}{15} = \frac{5 \times 5}{6 \times 5} \div \frac{4 \times 2}{15 \times 2} = \frac{25}{30} \div \frac{8}{30}$

$= 25 \div 8 = \frac{25}{8} = 3\frac{1}{8}$

본문 p. 64

발전문제 배운 개념 응용하기

1 (1) $\frac{4}{5} = \frac{4 \times 2}{5 \times 2} = \frac{8}{10}$입니다.

$\frac{8}{10}$은 $\frac{1}{10}$이 8개이므로

$\frac{4}{5} \div \frac{1}{10}$은 8을 1로 나누는 것과 같습니다.

$\frac{4}{5} \div \frac{1}{10} = \frac{8}{10} \div \frac{1}{10} = 8 \div 1 = 8$

(2) $\frac{3}{4} = \frac{3 \times 2}{4 \times 2} = \frac{6}{8}$입니다.

$\frac{6}{8}$은 $\frac{1}{8}$이 6개이고 $\frac{3}{8}$은 $\frac{1}{8}$이 3개이므로

$\frac{3}{4} \div \frac{3}{8}$은 6을 3으로 나누는 것과 같습니다.

$\frac{3}{4} \div \frac{3}{8} = \frac{6}{8} \div \frac{3}{8} = 6 \div 3 = 2$

2 (1) $\frac{4}{5} \div \frac{2}{15} = \frac{4 \times 3}{5 \times 3} \div \frac{2}{15} = \frac{12}{15} \div \frac{2}{15}$

$= 12 \div 2 = 6$

(2) $\frac{2}{3} \div \frac{4}{21} = \frac{2 \times 7}{3 \times 7} \div \frac{4}{21} = \frac{14}{21} \div \frac{4}{21}$

$= 14 \div 4 = \frac{14}{4} = \frac{7}{2} = 3\frac{1}{2}$

3 (1) $\frac{3}{4} \div \frac{5}{8} = \frac{3 \times 2}{4 \times 2} \div \frac{5}{8} = \frac{6}{8} \div \frac{5}{8}$

$= 6 \div 5 = \frac{6}{5} = 1\frac{1}{5}$

(2) $\frac{4}{5} \div \frac{3}{10} = \frac{4 \times 2}{5 \times 2} \div \frac{3}{10} = \frac{8}{10} \div \frac{3}{10}$

$= 8 \div 3 = \frac{8}{3} = 2\frac{2}{3}$

(3) $\frac{4}{9} \div \frac{5}{18} = \frac{4 \times 2}{9 \times 2} \div \frac{5}{18} = \frac{8}{18} \div \frac{5}{18}$

$= 8 \div 5 = \frac{8}{5} = 1\frac{3}{5}$

(4) $\frac{5}{8} \div \frac{9}{24} = \frac{5 \times 3}{8 \times 3} \div \frac{9}{24} = \frac{15}{24} \div \frac{9}{24}$

$= \frac{15}{9} = \frac{5}{3} = 1\frac{2}{3}$

4 (1) $\frac{4}{5} \div \frac{1}{2} = \frac{4 \times 2}{5 \times 2} \div \frac{1 \times 5}{2 \times 5} = \frac{8}{10} \div \frac{5}{10}$

$= 8 \div 5 = \frac{8}{5} = 1\frac{3}{5}$

(2) $\frac{3}{4} \div \frac{4}{5} = \frac{3 \times 5}{4 \times 5} \div \frac{4 \times 4}{5 \times 4} = \frac{15}{20} \div \frac{16}{20}$

$= 15 \div 16 = \frac{15}{16}$

(3) $\frac{3}{4} \div \frac{2}{5} = \frac{3 \times 5}{4 \times 5} \div \frac{2 \times 4}{5 \times 4} = \frac{15}{20} \div \frac{8}{20}$

$=15\div8=\frac{15}{8}=1\frac{7}{8}$

(4) $\frac{5}{6}\div\frac{4}{7}=\frac{5\times7}{6\times7}\div\frac{4\times6}{7\times6}=\frac{35}{42}\div\frac{24}{42}$

$=\frac{35}{24}=1\frac{11}{24}$

5 (1) $\frac{3}{4}\div\frac{1}{6}=\frac{3\times3}{4\times3}\div\frac{1\times2}{6\times2}=\frac{9}{12}\div\frac{2}{12}$

$=9\div2=\frac{9}{2}=4\frac{1}{2}$

(2) $\frac{5}{8}\div\frac{1}{6}=\frac{5\times3}{8\times3}\div\frac{1\times4}{6\times4}=\frac{15}{24}\div\frac{4}{24}$

$=15\div4=\frac{15}{4}=3\frac{3}{4}$

(3) $\frac{4}{9}\div\frac{5}{6}=\frac{4\times2}{9\times2}\div\frac{5\times3}{6\times3}=\frac{8}{18}\div\frac{15}{18}$

$=8\div15=\frac{8}{15}$

(4) $\frac{5}{6}\div\frac{4}{15}=\frac{5\times5}{6\times5}\div\frac{4\times2}{15\times2}=\frac{25}{30}\div\frac{8}{30}$

$=25\div8=\frac{25}{8}=3\frac{1}{8}$

6 $\frac{5}{20}\div\frac{2}{5}=\frac{5}{20}\div\frac{2\times4}{5\times4}=\frac{5}{20}\div\frac{8}{20}$

$=5\div8=\frac{5}{8}$

$\frac{5}{8}\div\frac{3}{4}=\frac{5}{8}\div\frac{3\times2}{4\times2}=\frac{5}{8}\div\frac{6}{8}$

$=5\div6=\frac{5}{6}$

따라서 빈칸에 알맞은 수를 써넣으면 다음과 같습니다.

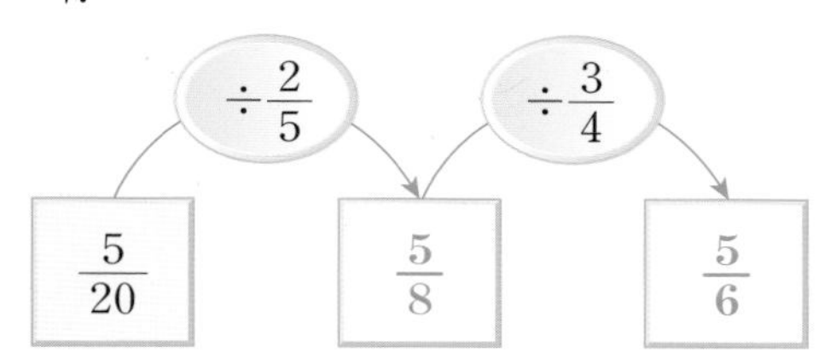

7 ㉠ $\frac{2}{3}\div\frac{7}{12}=\frac{2\times4}{3\times4}\div\frac{7}{12}=\frac{8}{12}\div\frac{7}{12}$

$=8\div7=\frac{8}{7}=1\frac{1}{7}$

㉡ $\frac{5}{8}\div\frac{7}{12}=\frac{5\times3}{8\times3}\div\frac{7\times2}{12\times2}=\frac{15}{24}\div\frac{14}{24}$

$=\frac{15}{14}=1\frac{1}{14}$

㉢ $\frac{1}{3}\div\frac{5}{8}=\frac{1\times8}{3\times8}\div\frac{5\times3}{8\times3}=\frac{8}{24}\div\frac{15}{24}$

$=\frac{8}{15}$

따라서 계산 결과가 1보다 큰 나눗셈식을 모두 기호로 쓰면 ㉠, ㉡입니다.

8 $\frac{5}{6}\div\frac{2}{9}=\frac{5\times3}{6\times3}\div\frac{2\times2}{9\times2}=\frac{15}{18}\div\frac{4}{18}$

$=15\div4=\frac{15}{4}=3\frac{3}{4}$

$\frac{7}{8}\div\frac{3}{10}=\frac{7\times5}{8\times5}\div\frac{3\times4}{10\times4}=\frac{35}{40}\div\frac{12}{40}$

$=35\div12=\frac{35}{12}=2\frac{11}{12}$

따라서 ○ 안에 알맞은 것은 >입니다.

9 $\frac{20}{21}\times\square=\frac{5}{12}$이므로

$\square=\frac{5}{12}\div\frac{20}{21}=\frac{5\times7}{12\times7}\div\frac{20\times4}{21\times4}$

$=\frac{35}{84}\div\frac{80}{84}=35\div80=\frac{35}{80}=\frac{7}{16}$

10 $\frac{5}{6}\div\frac{7}{9}=\frac{5\times3}{6\times3}\div\frac{7\times2}{9\times2}=\frac{15}{18}\div\frac{14}{18}$

$=15\div14=\frac{15}{14}=1\frac{1}{14}$

따라서 $1\frac{1}{14}<\square$의 □ 안에 들어갈 수 있는 자연수 중에서 가장 작은 수는 2입니다.

11 $\frac{4}{5}\div\frac{2}{15}=\frac{4\times3}{5\times3}\div\frac{2}{15}=\frac{12}{15}\div\frac{2}{15}$

$=12\div2=6$

따라서 감자를 바구니 6개에 담을 수 있습니다.

12 $\frac{3}{14}\div\frac{10}{21}=\frac{3\times3}{14\times3}\div\frac{10\times2}{21\times2}$

$=\frac{9}{42}\div\frac{20}{42}=9\div20$

$=\frac{9}{20}$

따라서 평행사변형의 밑변의 길이는 $\frac{9}{20}$cm

입니다.

13 연호가 그려야 할 남은 부분은 $1-\frac{7}{9}=\frac{2}{9}$이고 지원이가 그려야 할 남은 부분은 $1-\frac{5}{7}=\frac{2}{7}$입니다.

$\frac{2}{9}\div\frac{2}{7}=\frac{2\times7}{9\times7}\div\frac{2\times9}{7\times9}=\frac{14}{63}\div\frac{18}{63}$

$=14\div18=\frac{14}{18}=\frac{7}{9}$

따라서 연호가 그려야 할 남은 부분은 지원이가 그려야 할 남은 부분의 $\frac{7}{9}$배입니다.

14 $\frac{7}{8}\div\frac{3}{4}=\frac{7}{8}\div\frac{3\times2}{4\times2}=\frac{7}{8}\div\frac{6}{8}$

$=7\div6=\frac{7}{6}=1\frac{1}{6}$

따라서 텃밭 $1km^2$당 $1\frac{1}{6}$ kg의 비료를 뿌렸습니다.

15 $\frac{4}{15}\div\frac{7}{12}=\frac{4\times4}{15\times4}\div\frac{7\times5}{12\times5}$

$=\frac{16}{60}\div\frac{35}{60}$

$=16\div35=\frac{16}{35}$

따라서 금속관 1kg의 길이는 $\frac{16}{35}$m입니다.

16 $\frac{7}{12}\div\frac{5}{16}=\frac{7\times4}{12\times4}\div\frac{5\times3}{16\times3}$

$=\frac{28}{48}\div\frac{15}{48}$

$=28\div15=\frac{28}{15}$

$=1\frac{13}{15}$

따라서 동찬이네 집에서 학교까지의 거리는 학교에서 놀이터까지 거리의 $1\frac{13}{15}$배입니다.

(자연수)÷(분수)

바로! 확인문제

본문 p. 69

1 (1) $1=\frac{5}{5}$이므로 1은 $\frac{1}{5}$이 5개입니다.

따라서 $1\div\frac{1}{5}$은 5를 1로 나누는 것과 같습니다.

$1\div\frac{1}{5}=\frac{5}{5}\div\frac{1}{5}=5\div1=5$

(2) $2=\frac{6}{3}$이므로 2는 $\frac{1}{3}$이 6개이고 $\frac{2}{3}$는 $\frac{1}{3}$이 2개입니다.

따라서 $2\div\frac{2}{3}$는 6을 2로 나누는 것과 같습니다.

$2\div\frac{2}{3}=\frac{6}{3}\div\frac{2}{3}=6\div2=3$

2 (1) $3\div\frac{1}{5}=3\times5=15$

(2) $4\div\frac{1}{6}=4\times6=24$

3 (1) $4\div\frac{2}{3}=\frac{12}{3}\div\frac{2}{3}=12\div2$

(2) $3\div\frac{3}{5}=\frac{15}{5}\div\frac{3}{5}=15\div3$

(3) $2\div\frac{3}{4}=\frac{8}{4}\div\frac{3}{4}=8\div3$

4 (1) $4\div\frac{2}{3}=\overset{2}{\cancel{4}}\times\frac{3}{\underset{1}{\cancel{2}}}=6$

(2) $3\div\frac{3}{5}=\overset{1}{\cancel{3}}\times\frac{5}{\underset{1}{\cancel{3}}}=5$

(3) $2\div\frac{3}{4}=2\times\frac{4}{3}=\frac{8}{3}=2\frac{2}{3}$

본문 p. 70

1 (1) $1=\frac{7}{7}$이므로 1은 $\frac{1}{7}$이 7개입니다.

따라서 $1\div\frac{1}{7}$은 7을 1로 나누는 것과 같습니다.

$1\div\frac{1}{7}=\frac{7}{7}\div\frac{1}{7}=7\div1=7$

(2) $3=\frac{9}{3}$이므로 3은 $\frac{1}{3}$이 9개입니다.

따라서 $3\div\frac{1}{3}$은 9를 1로 나누는 것과 같습니다.

$3\div\frac{1}{3}=\frac{9}{3}\div\frac{1}{3}=9\div1=9$

2 (1) $2=\frac{4}{2}$이므로 2에서 $\frac{1}{2}$을 4번 덜어낼 수 있습니다.

따라서 $2\div\frac{1}{2}=4$입니다.

(2) $2-\frac{1}{2}-\frac{1}{2}-\frac{1}{2}-\frac{1}{2}=0$이므로 $2\div\frac{1}{2}=4$입니다.

(3) $2=\frac{4}{2}$이므로 2는 $\frac{1}{2}$이 4개입니다.

따라서 $2\div\frac{1}{2}$은 4를 1로 나누는 것과 같습니다.

$2\div\frac{1}{2}=\frac{4}{2}\div\frac{1}{2}=4\div1=4$

3 (자연수)÷(단위분수)의 계산은 나눗셈을 곱셈으로 바꾸고 단위분수의 분모와 분자를 바꾸어 계산할 수 있습니다.

(1) $3\div\frac{1}{4}=3\times4=12$

(2) $2\div\frac{1}{6}=2\times6=12$

(3) $5\div\frac{1}{3}=5\times3=15$

(4) $4\div\frac{1}{9}=4\times9=36$

4 (자연수)÷(단위분수)의 계산은 나눗셈을 곱셈으로 바꾸고 단위분수의 분모와 분자를 바꾸어 계산할 수 있습니다.

(1) $5\div\frac{1}{6}=5\times6=30$

(2) $4\div\frac{1}{7}=4\times7=28$

5 (1) $3=\frac{12}{4}$이므로 3은 $\frac{1}{4}$이 12개이고 $\frac{3}{4}$은 $\frac{1}{4}$이 3개입니다.

따라서 $3\div\frac{3}{4}$은 12를 3으로 나누는 것과 같습니다.

$3\div\frac{3}{4}=\frac{12}{4}\div\frac{3}{4}=12\div3=4$

(2) $4=\frac{12}{3}$이므로 4는 $\frac{1}{3}$이 12개이고 $\frac{2}{3}$는 $\frac{1}{3}$이 2개입니다.

따라서 $4\div\frac{2}{3}$는 12를 2로 나누는 것과 같습니다.

$4\div\frac{2}{3}=\frac{12}{3}\div\frac{2}{3}=12\div2=6$

6 딸기 6kg을 따는 데 $\frac{3}{4}$시간이 걸렸습니다.

(1) $\frac{1}{4}$시간 동안 딸 수 있는 딸기의 양은 $6\div3=2$(kg)입니다.

(2) 1시간 동안 딸 수 있는 딸기의 양은 $6\div3\times4=2\times4=8$(kg)입니다.

7 (1) $8\div\frac{2}{3}=(8\div2)\times3=4\times3=12$

(2) $14\div\frac{2}{5}=(14\div2)\times5=7\times5=35$

8 (1) $8\div\frac{4}{5}=(8\times5)\div4=40\div4=10$

(2) $15\div\frac{5}{6}=(15\times6)\div5=90\div5=18$

본문 p. 72

1 (1) $2=\frac{10}{5}$이므로 2는 $\frac{1}{5}$이 10개입니다.

따라서 $2\div\frac{1}{5}$은 10을 1로 나누는 것과 같습니다.

$2\div\frac{1}{5}=\frac{10}{5}\div\frac{1}{5}=10\div1=10$

(2) $2=\frac{10}{5}$이므로 2는 $\frac{1}{5}$이 10개입니다.

따라서 $2\div\frac{2}{5}$는 10을 2로 나누는 것과 같습니다.

$2\div\frac{2}{5}=\frac{10}{5}\div\frac{2}{5}=10\div2=5$

2 (1) $4=\frac{20}{5}$이므로 4는 $\frac{1}{5}$이 20개입니다.

따라서 $4\div\frac{1}{5}$은 20을 1로 나누는 것과 같습니다.

$4\div\frac{1}{5}=\frac{20}{5}\div\frac{1}{5}=20\div1=20$

(2) $5=\frac{30}{6}$이므로 5는 $\frac{1}{6}$이 30개입니다.

따라서 $5\div\frac{1}{6}$은 30을 1로 나누는 것과 같습니다.

$5\div\frac{1}{6}=\frac{30}{6}\div\frac{1}{6}=30\div1=30$

(3) $8=\frac{56}{7}$이므로 8은 $\frac{1}{7}$이 56개이고 $\frac{2}{7}$는 $\frac{1}{7}$이 2개입니다.

따라서 $8\div\frac{2}{7}$는 56을 2로 나누는 것과 같습니다.

$8\div\frac{2}{7}=\frac{56}{7}\div\frac{2}{7}=56\div2=28$

(4) $10=\frac{80}{8}$이므로 10은 $\frac{1}{8}$이 80개이고 $\frac{5}{8}$는 $\frac{1}{8}$이 5개입니다.

따라서 $10\div\frac{5}{8}$는 80을 5로 나누는 것과 같습니다.

$10\div\frac{5}{8}=\frac{80}{8}\div\frac{5}{8}=80\div5=16$

3 • 무게가 6 kg이고 길이가 $\frac{3}{5}$m인 막대가 있습니다.

(1) 문제를 해결하기 위한 식은 $6\div\frac{3}{5}$입니다.

(2) 길이가 $\frac{1}{5}$m인 막대의 무게는 $6\div3=2$(kg)입니다.

(3) 길이가 $\frac{1}{5}$m인 막대의 무게가 2 kg이면, 길이가 1 m인 막대의 무게는 $2\times5=10$(kg)입니다.

(4) 이 문제는 $6\div\frac{3}{5}=(6\div3)\times5=10$(kg)과 같이 해결할 수 있습니다.

4 (1) $3=\frac{9}{3}$이므로 3은 $\frac{1}{3}$이 9개이고 $\frac{2}{3}$는 $\frac{1}{3}$이 2개입니다.

따라서 $3\div\frac{2}{3}$는 9를 2로 나눈 것과 같습니다.

$3\div\frac{2}{3}=\frac{9}{3}\div\frac{2}{3}=9\div2=\frac{9}{2}=4\frac{1}{2}$

(2) $4=\frac{16}{4}$이므로 4는 $\frac{1}{4}$이 16개이고 $\frac{3}{4}$은 $\frac{1}{4}$이 3개입니다.

따라서 $4\div\frac{3}{4}$은 16을 3으로 나눈 것과 같습니다.

$4\div\frac{3}{4}=\frac{16}{4}\div\frac{3}{4}=16\div3=\frac{16}{3}=5\frac{1}{3}$

| 다른 풀이 |

(1) $3\div\frac{2}{3}=3\times\frac{3}{2}=\frac{9}{2}=4\frac{1}{2}$

(2) $4\div\frac{3}{4}=4\times\frac{4}{3}=\frac{16}{3}=5\frac{1}{3}$

5 (1) $4\div\frac{4}{5}=(4\div4)\times5=1\times5=5$

(2) $6\div\frac{3}{7}=(6\div3)\times7=2\times7=14$

(3) $7\div\frac{2}{5}=(7\div2)\times5=\frac{7}{2}\times5=\frac{35}{2}=17\frac{1}{2}$

(4) $9\div\frac{7}{9}=(9\div7)\times9=\frac{9}{7}\times9=\frac{81}{7}=11\frac{4}{7}$

| 다른 풀이 |

(1) $4\div\frac{4}{5}=\overset{1}{\cancel{4}}\times\frac{5}{\underset{1}{\cancel{4}}}=5$

(2) $6\div\frac{3}{7}=\overset{2}{\cancel{6}}\times\frac{7}{\underset{1}{\cancel{3}}}=14$

(3) $7\div\frac{2}{5}=7\times\frac{5}{2}=\frac{35}{2}=17\frac{1}{2}$

(4) $9\div\frac{7}{9}=9\times\frac{9}{7}=\frac{81}{7}=11\frac{4}{7}$

6 (1) $6\div\frac{3}{5}=(6\times5)\div3=30\div3=\mathbf{10}$

(2) $8\div\frac{4}{7}=(8\times7)\div4=56\div4=\frac{56}{4}=\mathbf{14}$

(3) $8\div\frac{3}{5}=(8\times5)\div3=40\div3=\frac{40}{3}=\mathbf{13\frac{1}{3}}$

(4) $9\div\frac{5}{9}=(9\times9)\div5=81\div5=\frac{81}{5}=\mathbf{16\frac{1}{5}}$

| 다른 풀이 |

(1) $6\div\frac{3}{5}=\overset{2}{\cancel{6}}\times\frac{5}{\underset{1}{\cancel{3}}}=10$

(2) $8\div\frac{4}{7}=\overset{2}{\cancel{8}}\times\frac{7}{\underset{1}{\cancel{4}}}=14$

(3) $8\div\frac{3}{5}=8\times\frac{5}{3}=\frac{40}{3}=13\frac{1}{3}$

(4) $9\div\frac{5}{9}=9\times\frac{9}{5}=\frac{81}{5}=16\frac{1}{5}$

7 바르게 계산한 것은

$12\div\frac{2}{3}=(12\div2)\times3$ (○)

$12\div\frac{2}{3}=(12\times3)\div2$ (○)

$12\div\frac{2}{3}=12\times\frac{3}{2}$ (○)

입니다.

8 $16\div\frac{8}{9}=(16\div8)\times9=2\times9=18$

따라서 18>□의 □ 안에 들어갈 수 있는 가장 큰 자연수는 **17**입니다.

| 다른 풀이 |

$16\div\frac{8}{9}=(16\times9)\div8=144\div8=18$

| 다른 풀이 |

$16\div\frac{8}{9}=\overset{2}{\cancel{16}}\times\frac{9}{\underset{1}{\cancel{8}}}=18$

9 ㉠ $10\div\frac{2}{3}=\overset{5}{\cancel{10}}\times\frac{3}{\underset{1}{\cancel{2}}}=15$

㉡ $15\div\frac{3}{4}=\overset{5}{\cancel{15}}\times\frac{4}{\underset{1}{\cancel{3}}}=20$

㉢ $12\div\frac{6}{7}=\overset{2}{\cancel{12}}\times\frac{7}{\underset{1}{\cancel{6}}}=14$

따라서 10<□<15의 □ 안에 들어갈 수 있는 나눗셈의 기호는 ㉢입니다.

10 $40\div\frac{4}{5}=\overset{10}{\cancel{40}}\times\frac{5}{\underset{1}{\cancel{4}}}=50$

$50\div\frac{5}{7}=\overset{10}{\cancel{50}}\times\frac{7}{\underset{1}{\cancel{5}}}=70$

따라서 빈칸에 알맞은 수를 써넣으면 다음과 같습니다.

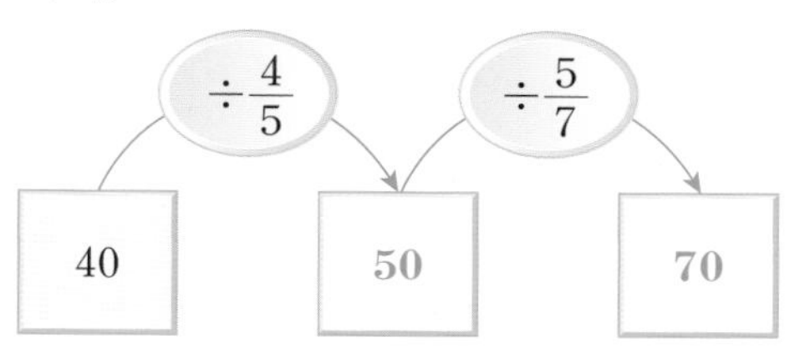

11 $12\div\frac{4}{5}=\overset{3}{\cancel{12}}\times\frac{5}{\underset{1}{\cancel{4}}}=15$

$12\div\frac{5}{7}=12\times\frac{7}{5}=\frac{84}{5}=16\frac{4}{5}$

따라서 빈칸에 알맞은 수를 써넣으면 다음과 같습니다.

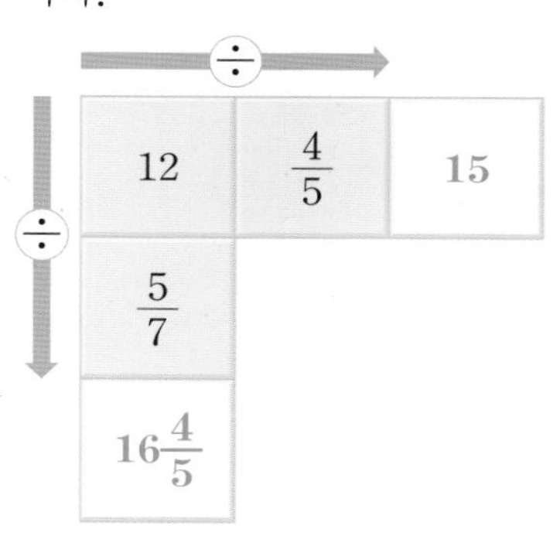

12 $8\div\frac{4}{5}=\overset{2}{\cancel{8}}\times\frac{5}{\underset{1}{\cancel{4}}}=10$

따라서 설탕 8kg으로 팬케이크 **10**장을 만들 수 있습니다.

13 $27 \div \frac{3}{4} = \overset{9}{27} \times \frac{4}{\underset{1}{3}} = 36$

따라서 한 사람당 $\frac{3}{4}$kg씩 나누어 주면 **36**명의 이웃에게 나누어 줄 수 있습니다.

14 사과 주스 :

$5000 \div \frac{5}{9} = \overset{1000}{5000} \times \frac{9}{\underset{1}{5}} = 9000$(원)

포도 주스 :

$3500 \div \frac{5}{7} = \overset{700}{3500} \times \frac{7}{\underset{1}{5}} = 4900$(원)

따라서 1L의 가격이 더 싼 음료수는 **포도** 주스이고 $9000 - 4900 = \mathbf{4100}$(원) 더 쌉니다.

15 둘이 함께 일을 했을 때는 전체 밭의 $\frac{3}{4}$을 가는데 3시간이 걸렸고, 신형이가 혼자서 전체 밭의 $\frac{1}{4}$을 가는데 3시간이 걸렸으므로 영준이가 혼자서 전체 밭의 $\frac{2}{4}$를 갈려면 3시간이 걸립니다.
따라서 영준이가 혼자서 전체 밭을 갈 때 걸리는 시간은 $3 \div \frac{2}{4} = 3 \div \frac{1}{2} = 3 \times 2 = \mathbf{6}$(시간)입니다.

분수의 나눗셈을 분수의 곱셈으로 나타내기

바로! 확인문제

본문 p. 77

1 (1) $\frac{2}{3} \div \frac{4}{7} = \frac{2 \times 7}{3 \times 7} \div \frac{4 \times 3}{7 \times 3}$

$= \frac{14}{21} \div \frac{12}{21} = 14 \div 12$

(2) $\frac{3}{4} \div \frac{5}{8} = \frac{3 \times 8}{4 \times 8} \div \frac{5 \times 4}{8 \times 4}$

$= \frac{24}{32} \div \frac{20}{32} = 24 \div 20$

2 (1) $\frac{2}{3} \div \frac{5}{6} = \frac{2 \times 2}{3 \times 2} \div \frac{5}{6}$

$= \frac{4}{6} \div \frac{5}{6} = 4 \div 5$

(2) $\frac{1}{6} \div \frac{7}{8} = \frac{1 \times 4}{6 \times 4} \div \frac{7 \times 3}{8 \times 3}$

$= \frac{4}{24} \div \frac{21}{24} = 4 \div 21$

3 (1) $3 \div \frac{3}{5} = 3 \times \frac{5}{3}$

(2) $5 \div \frac{5}{7} = 5 \times \frac{7}{5}$

(3) $4 \div \frac{8}{9} = \overset{1}{4} \times \frac{9}{\underset{2}{8}} = \frac{9}{2} = 4\frac{1}{2}$

(4) $6 \div \frac{4}{9} = \overset{3}{6} \times \frac{9}{\underset{2}{4}} = \frac{27}{2} = 13\frac{1}{2}$

4 (1) $\frac{1}{2} \div \frac{2}{3} = \frac{1}{2} \times \frac{3}{2}$

(2) $\frac{4}{5} \div \frac{4}{7} = \frac{4}{5} \times \frac{7}{4}$

(3) $\frac{3}{4} \div \frac{5}{6} = \frac{3}{\underset{2}{4}} \times \frac{\overset{3}{6}}{5} = \frac{9}{10}$

(4) $\frac{5}{6} \div \frac{3}{8} = \frac{5}{\underset{3}{6}} \times \frac{\overset{4}{8}}{3} = \frac{20}{9} = 2\frac{2}{9}$

본문 p. 78

기본문제 배운 개념 적용하기

1 (1) 통분하기 : $2 \div \frac{1}{4} = \frac{8}{4} \div \frac{1}{4} = 8 \div 1 = 8$

(2) 역수 곱하기 : $2 \div \frac{1}{4} = 2 \times 4 = 8$

2 (1) 방법1 $10 \div \frac{5}{7} = (10 \div 5) \times 7$

$= 2 \times 7 = 14$

(2) 방법2 $10 \div \frac{5}{7} = (10 \times 7) \div 5$

$= 70 \div 5 = 14$

3 (1) $\frac{1}{3}\div\frac{3}{4}=\left(\frac{1}{3}\div3\right)\times4=\frac{1}{3}\times\frac{1}{3}\times4$

$=\frac{1}{3}\times\frac{4}{3}=\frac{4}{9}$

(2) $\frac{3}{4}\div\frac{6}{7}=\left(\frac{3}{4}\div6\right)\times7=\frac{3}{4}\times\frac{1}{6}\times7$

$=\frac{3}{4}\times\frac{7}{6}=\frac{7}{8}$

(3) $\frac{3}{8}\div\frac{5}{11}=\left(\frac{3}{8}\div5\right)\times11=\frac{3}{8}\times\frac{1}{5}\times11$

$=\frac{3}{8}\times\frac{11}{5}=\frac{33}{40}$

4 (1) 분모의 곱으로 통분하기

$\frac{3}{4}\div\frac{5}{12}=\frac{3\times12}{4\times12}\div\frac{5\times4}{12\times4}$

$=\frac{36}{48}\div\frac{20}{48}=36\div20=\frac{36}{20}$

$=\frac{9}{5}=1\frac{4}{5}$

(2) 최소공배수로 통분하기

$\frac{3}{4}\div\frac{5}{12}=\frac{3\times3}{4\times3}\div\frac{5}{12}$

$=\frac{9}{12}\div\frac{5}{12}=9\div5=\frac{9}{5}$

$=1\frac{4}{5}$

(3) 분수의 곱셈으로 계산하기

$\frac{3}{4}\div\frac{5}{12}=\frac{3}{4}\times\frac{12}{5}=\frac{9}{5}=1\frac{4}{5}$

5 (1) $\frac{5}{6}\div\frac{1}{3}=\frac{5}{6}\times\frac{3}{1}=\frac{5\times3}{6\times1}=\frac{5}{2}=2\frac{1}{2}$

(2) $\frac{4}{9}\div\frac{2}{3}=\frac{4}{9}\times\frac{3}{2}=\frac{2}{3}$

(3) $\frac{5}{12}\div\frac{3}{4}=\frac{5}{12}\times\frac{4}{3}=\frac{5}{9}$

6 $\frac{4}{5}\div\frac{2}{3}=\frac{4}{5}\times\frac{3}{2}=\frac{6}{5}$이므로

㉠$=3$, ㉡$=2$, ㉢$=6$입니다.

따라서 ㉠+㉡+㉢$=3+2+6=11$입니다.

7 (1) $\frac{2}{3}\div\frac{1}{2}=\frac{2}{3}\times2=\frac{4}{3}=1\frac{1}{3}$

(2) $\frac{3}{5}\div\frac{2}{7}=\frac{3}{5}\times\frac{7}{2}=\frac{21}{10}=2\frac{1}{10}$

(3) $\frac{5}{6}\div\frac{3}{4}=\frac{5}{6}\times\frac{4}{3}=\frac{10}{9}=1\frac{1}{9}$

(4) $\frac{8}{9}\div\frac{4}{7}=\frac{8}{9}\times\frac{7}{4}=\frac{14}{9}=1\frac{5}{9}$

본문 p. 80

발전문제 배운 개념 응용하기

1 (1) $\frac{2}{5}\div\frac{1}{3}=\frac{2}{5}\times\frac{3}{1}$

(2) $\frac{3}{5}\div\frac{4}{7}=\frac{3}{5}\times\frac{7}{4}$

(3) $\frac{2}{7}\div\frac{6}{7}=\frac{2}{7}\times\frac{7}{6}$

(4) $\frac{5}{9}\div\frac{5}{6}=\frac{5}{9}\times\frac{6}{5}$

2 $\frac{2}{3}\div\frac{5}{9}=\left(\frac{2}{3}\div5\right)\times9=\frac{2}{3}\times\frac{1}{5}\times9$

3 $\frac{3}{8}\div\frac{3}{4}=\left(\frac{3}{8}\div3\right)\times4$

$=\frac{3}{8}\times\frac{1}{3}\times4$

$=\frac{3}{8}\times\frac{4}{3}$

따라서 $\frac{3}{8}\div\frac{3}{4}$을 분수의 곱셈으로 잘못 나타낸 것은 $\frac{3}{8}\times\frac{1}{4}\times3$입니다.

4 $\frac{3}{7}\div\frac{3}{4}=\frac{3}{7}\times\frac{4}{3}=\frac{4}{7}$

㉠ $\frac{1}{7}\div\frac{1}{4}=\frac{1}{7}\times4=\frac{4}{7}$

㉡ $\frac{3}{7}\times\frac{4}{3}=\frac{4}{7}$

㉢ $\frac{5}{14} \div \frac{15}{8} = \frac{5}{14} \times \frac{8}{15} = \frac{4}{21}$

따라서 $\frac{3}{7} \div \frac{3}{4}$의 몫과 계산 결과가 같은 식의 기호는 ㉠, ㉡입니다.

5 (1) $\frac{3}{5} \div \frac{1}{4} = \frac{3}{5} \times 4 = \frac{12}{5} = 2\frac{2}{5}$

(2) $\frac{2}{5} \div \frac{3}{4} = \frac{2}{5} \times \frac{4}{3} = \frac{8}{15}$

(3) $\frac{5}{11} \div \frac{3}{11} = \frac{5}{11} \times \frac{11}{3} = \frac{5}{3} = 1\frac{2}{3}$

(4) $\frac{9}{14} \div \frac{7}{12} = \frac{9}{14} \times \frac{12}{7} = \frac{54}{49} = 1\frac{5}{49}$

6 $\frac{5}{8} \div \frac{7}{16} = \frac{5}{8} \times \frac{16}{7} = \frac{10}{7} = 1\frac{3}{7}$

$\frac{4}{5} \div \frac{7}{10} = \frac{4}{5} \times \frac{10}{7} = \frac{8}{7} = 1\frac{1}{7}$

따라서 $\frac{5}{8} \div \frac{7}{16} > \frac{4}{5} \div \frac{7}{10}$입니다.

7 ㉠ $\frac{5}{8} \div \frac{5}{6} = \frac{5}{8} \times \frac{6}{5} = \frac{3}{4}$

㉡ $\frac{3}{5} \div \frac{3}{10} = \frac{3}{5} \times \frac{10}{3} = 2$

㉢ $\frac{8}{13} \div \frac{5}{13} = \frac{8}{13} \times \frac{13}{5} = \frac{8}{5} = 1\frac{3}{5}$

따라서 계산 결과가 큰 것부터 차례대로 기호를 쓰면 ㉡, ㉢, ㉠입니다.

8 $\frac{4}{9} \div \frac{5}{9} = \frac{4}{9} \times \frac{9}{5} = \frac{4}{5}$

$\frac{1}{4} \div \frac{2}{9} = \frac{1}{4} \times \frac{9}{2} = \frac{9}{8} = 1\frac{1}{8}$

$\frac{3}{4} \div \frac{2}{3} = \frac{3}{4} \times \frac{3}{2} = \frac{9}{8} = 1\frac{1}{8}$

$\frac{5}{8} \div \frac{3}{16} = \frac{5}{8} \times \frac{16}{3} = \frac{10}{3} = 3\frac{1}{3}$

$\frac{5}{7} \div \frac{3}{14} = \frac{5}{7} \times \frac{14}{3} = \frac{10}{3} = 3\frac{1}{3}$

$\frac{3}{5} \div \frac{3}{4} = \frac{3}{5} \times \frac{4}{3} = \frac{4}{5}$

따라서 크기가 같은 분수끼리 선을 그어 연결하면 다음과 같습니다.

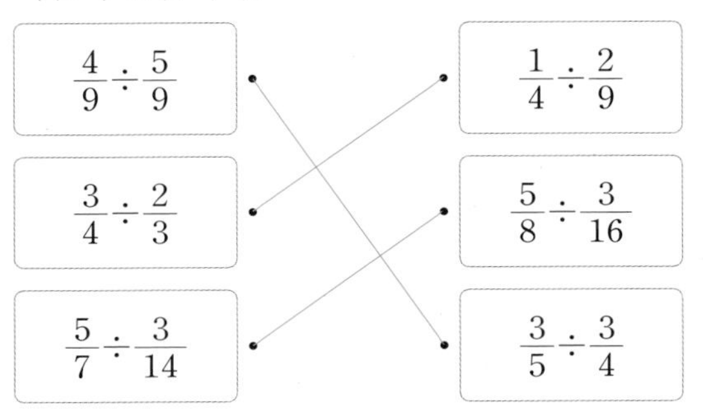

9 $\frac{5}{7} \div \frac{2}{9} = \frac{5}{7} \times \frac{9}{2} = \frac{45}{14} = 3\frac{3}{14}$

따라서 $3\frac{3}{14} < \square$의 □ 안에 들어갈 수 있는 가장 작은 자연수는 4입니다.

10 어떤 분수를 □라 합시다.

어떤 분수에 $\frac{9}{10}$를 곱했더니 $\frac{6}{7}$이 되었으므로

$\square \times \frac{9}{10} = \frac{6}{7}$

$\square = \frac{6}{7} \div \frac{9}{10} = \frac{6}{7} \times \frac{10}{9} = \frac{20}{21}$

11 어떤 수를 □라 합시다.

어떤 수에 $\frac{5}{11}$를 곱했더니 $\frac{35}{88}$가 되었으므로

$\square \times \frac{5}{11} = \frac{35}{88}$

$\square = \frac{35}{88} \div \frac{5}{11} = \frac{35}{88} \times \frac{11}{5} = \frac{7}{8}$

따라서 바르게 계산한 값은, 즉 어떤 수를 $\frac{5}{11}$로 나눈 값은

$\frac{7}{8} \div \frac{5}{11} = \frac{7}{8} \times \frac{11}{5} = \frac{77}{40} = 1\frac{37}{40}$

입니다.

12 $\frac{5}{16} \div \frac{3}{4} = \frac{5}{16} \times \frac{4}{3} = \frac{5}{12}$

따라서 평행사변형의 높이는 $\frac{5}{12}$ cm입니다.

13 $\frac{2}{3} \div \frac{1}{6} = \frac{2}{3} \times \frac{6}{1} = 4$

따라서 모두 4명이 마실 수 있습니다.

14 $\frac{3}{7} \div \frac{2}{5} = \frac{3}{7} \times \frac{5}{2} = \frac{15}{14} = 1\frac{1}{14}$

따라서 나무막대 1m의 무게는 $1\frac{1}{14}$ kg입니다.

15 15분은 $\frac{1}{4}$시간입니다.

$\frac{5}{7} \div \frac{1}{4} = \frac{5}{7} \times 4 = \frac{20}{7} = 2\frac{6}{7}$

따라서 상현이가 같은 빠르기로 걷는다면 1시간 동안 $2\frac{6}{7}$km를 걸을 수 있습니다.

16 $5000 \div 1500 = \frac{5000}{1500} = \frac{10}{3} = 3\frac{1}{3}$

이므로 서정이가 갖고 있는 5,000원으로 $3\frac{1}{3}$ L의 휘발유를 살 수 있습니다.

$\frac{5}{7} \div \frac{2}{9} = \frac{5}{7} \times \frac{9}{2} = \frac{45}{14} = 3\frac{3}{14}$

이므로 자동차는 휘발유 1L로 $3\frac{3}{14}$ km를 갈 수 있습니다.

$3\frac{1}{3} \times 3\frac{3}{14} = \frac{10}{3} \times \frac{45}{14} = \frac{75}{7} = 10\frac{5}{7}$

이므로 서정이네 가족은 자동차로 $10\frac{5}{7}$ km를 갈 수 있습니다.

여러 가지 분수의 나눗셈

바로! 확인문제

본문 p. 85

1 (1) $5 \div \frac{5}{8} = 5 \times \frac{8}{5} = 8$

(2) $6 \div \frac{8}{9} = 6 \times \frac{9}{8} = \frac{27}{4} = 6\frac{3}{4}$

(3) $7 \div \frac{4}{5} = 7 \times \frac{5}{4} = \frac{35}{4} = 8\frac{3}{4}$

(4) $8 \div \frac{4}{7} = 8 \times \frac{7}{4} = 14$

2 (1) $\frac{4}{3} \div \frac{4}{7} = \frac{4 \times 7}{3 \times 7} \div \frac{4 \times 3}{7 \times 3}$

$= \frac{28}{21} \div \frac{12}{21} = 28 \div 12$

(2) $\frac{4}{3} \div \frac{4}{7} = \frac{4}{3} \times \frac{7}{4}$

3 (1) $1\frac{3}{7} \div \frac{5}{9} = \frac{10}{7} \div \frac{5}{9}$

$= \frac{10 \times 9}{7 \times 9} \div \frac{5 \times 7}{9 \times 7}$

$= \frac{90}{63} \div \frac{35}{63}$

(2) $1\frac{3}{7} \div \frac{5}{9} = \frac{10}{7} \div \frac{5}{9} = \frac{10}{7} \times \frac{9}{5}$

4 (1) $\left(8 \div \frac{4}{5}\right) \div 1\frac{3}{10} = \left(8 \times \frac{5}{4}\right) \div \frac{13}{10}$

$= \left(8 \times \frac{5}{4}\right) \times \frac{10}{13}$

(2) $\left(2\frac{2}{3} \div 2\frac{1}{2}\right) \div 1\frac{1}{3} = \left(\frac{8}{3} \div \frac{5}{2}\right) \div \frac{4}{3}$

$= \left(\frac{8}{3} \times \frac{2}{5}\right) \div \frac{4}{3}$

$= \left(\frac{8}{3} \times \frac{2}{5}\right) \times \frac{3}{4}$

본문 p. 86

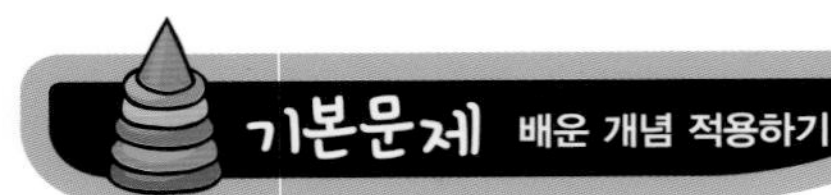

1 (1) $2\div5=2\times\frac{1}{5}$

(2) $4\div7=4\times\frac{1}{7}$

(3) $7\div\frac{1}{9}=7\times9$

(4) $10\div\frac{1}{8}=10\times8$

2 (1) $2\div\frac{2}{3}=2\times\frac{3}{2}$

(2) $6\div\frac{4}{5}=6\times\frac{5}{4}$

(3) $9\div\frac{3}{5}=9\times\frac{5}{3}$

(4) $12\div\frac{5}{6}=12\times\frac{6}{5}$

3 (1) $\frac{5}{2}\div\frac{3}{4}=\frac{5}{2}\times\frac{4}{3}$

(2) $\frac{7}{3}\div\frac{7}{8}=\frac{7}{3}\times\frac{8}{7}$

(3) $\frac{5}{4}\div\frac{5}{12}=\frac{5}{4}\times\frac{12}{5}$

(4) $\frac{13}{10}\div\frac{5}{8}=\frac{13}{10}\times\frac{8}{5}$

4 (1) $7\div\frac{5}{6}=7\times\frac{6}{5}=\frac{42}{5}=8\frac{2}{5}$

(2) $8\div\frac{9}{10}=8\times\frac{10}{9}=\frac{80}{9}=8\frac{8}{9}$

(3) $\frac{6}{5}\div\frac{3}{8}=\frac{\overset{2}{\cancel{6}}}{5}\times\frac{8}{\underset{1}{\cancel{3}}}=\frac{16}{5}=3\frac{1}{5}$

(4) $\frac{9}{4}\div\frac{3}{10}=\frac{\overset{3}{\cancel{9}}}{\underset{2}{\cancel{4}}}\times\frac{\overset{5}{\cancel{10}}}{\underset{1}{\cancel{3}}}=\frac{15}{2}=7\frac{1}{2}$

5 (1) $3\frac{1}{2}\div\frac{7}{8}=\frac{7}{2}\times\frac{8}{7}$

(2) $2\frac{3}{4}\div\frac{11}{14}=\frac{11}{4}\times\frac{14}{11}$

(3) $1\frac{2}{3}\div\frac{5}{6}=\frac{5}{3}\times\frac{6}{5}$

(4) $4\frac{1}{5}\div\frac{7}{15}=\frac{21}{5}\times\frac{15}{7}$

6 (1) $2\frac{3}{4}\div3\frac{2}{3}=\frac{11}{4}\div\frac{11}{3}=\frac{11}{4}\times\frac{3}{11}$

(2) $3\frac{2}{3}\div2\frac{1}{6}=\frac{11}{3}\div\frac{13}{6}=\frac{11}{3}\times\frac{6}{13}$

(3) $3\frac{5}{7}\div1\frac{4}{9}=\frac{26}{7}\div\frac{13}{9}=\frac{26}{7}\times\frac{9}{13}$

(4) $1\frac{8}{9}\div2\frac{5}{6}=\frac{17}{9}\div\frac{17}{6}=\frac{17}{9}\times\frac{6}{17}$

7 (1) $1\frac{1}{9}\div\frac{5}{7}=\frac{10}{9}\div\frac{5}{7}=\frac{\overset{2}{\cancel{10}}}{9}\times\frac{7}{\underset{1}{\cancel{5}}}=\frac{14}{9}=1\frac{5}{9}$

(2) $5\frac{2}{3}\div\frac{8}{15}=\frac{17}{3}\div\frac{8}{15}=\frac{17}{\underset{1}{\cancel{3}}}\times\frac{\overset{5}{\cancel{15}}}{8}=\frac{85}{8}=10\frac{5}{8}$

(3) $2\frac{2}{5}\div1\frac{5}{7}=\frac{12}{5}\div\frac{12}{7}=\frac{\overset{1}{\cancel{12}}}{5}\times\frac{7}{\underset{1}{\cancel{12}}}=\frac{7}{5}=1\frac{2}{5}$

(4) $1\frac{7}{9}\div1\frac{3}{5}=\frac{16}{9}\div\frac{8}{5}=\frac{\overset{2}{\cancel{16}}}{9}\times\frac{5}{\underset{1}{\cancel{8}}}=\frac{10}{9}=1\frac{1}{9}$

8 (1) $4\div\frac{1}{3}\div\frac{12}{13}=\overset{1}{\cancel{4}}\times\overset{1}{\cancel{3}}\times\frac{13}{\underset{1}{\cancel{12}}}=13$

(2) $1\frac{3}{7}\div\frac{15}{16}\div\frac{2}{3}=\frac{10}{7}\div\frac{15}{16}\div\frac{2}{3}=\frac{\overset{2}{\cancel{10}}}{7}\times\frac{\overset{8}{\cancel{16}}}{\underset{3}{\cancel{15}}}\times\frac{3}{\underset{1}{\cancel{2}}}$

$=\frac{2\times8\times\overset{1}{\cancel{3}}}{7\times\underset{1}{\cancel{3}}\times1}=\frac{16}{7}$

$=2\frac{2}{7}$

(3) $2\frac{1}{7}\div\frac{12}{7}\div10=\frac{15}{7}\div\frac{12}{7}\div10$

$=\frac{\overset{3}{\cancel{15}}}{\underset{1}{\cancel{7}}}\times\frac{\overset{1}{\cancel{7}}}{12}\times\frac{1}{\underset{2}{\cancel{10}}}=\frac{\overset{1}{\cancel{3}}\times1\times1}{1\times\underset{4}{\cancel{12}}\times2}$

$=\frac{1}{8}$

(4) $1\frac{1}{3}\div1\frac{1}{4}\div1\frac{1}{5}=\frac{4}{3}\div\frac{5}{4}\div\frac{6}{5}=\frac{4}{3}\times\frac{\overset{2}{\cancel{4}}}{\underset{1}{\cancel{5}}}\times\frac{\overset{1}{\cancel{5}}}{\underset{3}{\cancel{6}}}$

$=\frac{4\times2\times1}{3\times1\times3}$

$=\frac{8}{9}$

(4) $\frac{17}{8}\div\frac{1}{6}=\frac{17\times3}{8\times3}\div\frac{1\times4}{6\times4}=\frac{51}{24}\div\frac{4}{24}$

$=51\div4=\frac{51}{4}=12\frac{3}{4}$

본문 p. 88

발전문제 배운 개념 응용하기

1 분수의 나눗셈을 분수의 곱셈으로 바르게 바꾼 것은 $4\div\frac{5}{6}=4\times\frac{6}{5}$입니다.

$4\div\frac{5}{6}=4\times\frac{6}{5}$

(○)

2 $3\div\frac{2}{7}=3\times\frac{7}{2}=\frac{21}{2}=10\frac{1}{2}$

3 $\frac{2}{5}\div\frac{3}{10}=\frac{2}{5}\times\frac{10}{3}=\frac{4}{3}$ (5와 10을 약분: 1, 2)

㉠ $\frac{1}{3}\div\frac{1}{4}=\frac{1}{3}\times4=\frac{4}{3}$

㉡ $\frac{2}{3}\div\frac{1}{2}=\frac{2}{3}\times2=\frac{4}{3}$

㉢ $\frac{1}{2}\div\frac{2}{3}=\frac{1}{2}\times\frac{3}{2}=\frac{3}{4}$

따라서 $\frac{2}{5}\div\frac{3}{10}$의 몫과 계산 결과가 같은 식의 기호는 ㉠, ㉡입니다.

4 (1) $\frac{7}{4}\div\frac{5}{8}=\frac{7\times2}{4\times2}\div\frac{5}{8}=\frac{14}{8}\div\frac{5}{8}$

$=14\div5=\frac{14}{5}=2\frac{4}{5}$

(2) $\frac{8}{3}\div\frac{5}{6}=\frac{8\times2}{3\times2}\div\frac{5}{6}=\frac{16}{6}\div\frac{5}{6}$

$=16\div5=\frac{16}{5}=3\frac{1}{5}$

(3) $\frac{11}{4}\div\frac{5}{6}=\frac{11\times3}{4\times3}\div\frac{5\times2}{6\times2}=\frac{33}{12}\div\frac{10}{12}$

$=33\div10=\frac{33}{10}=3\frac{3}{10}$

5 (1) $2\frac{2}{3}\div\frac{8}{9}=\frac{8}{3}\div\frac{8}{9}=\frac{8\times3}{3\times3}\div\frac{8}{9}=\frac{24}{9}\div\frac{8}{9}$

$=24\div8=\frac{24}{8}=3$

(2) $3\frac{4}{7}\div\frac{5}{14}=\frac{25}{7}\div\frac{5}{14}=\frac{25\times2}{7\times2}\div\frac{5}{14}$

$=\frac{50}{14}\div\frac{5}{14}=50\div5=10$

(3) $1\frac{1}{6}\div\frac{3}{4}=\frac{7}{6}\div\frac{3}{4}=\frac{7\times2}{6\times2}\div\frac{3\times3}{4\times3}$

$=\frac{14}{12}\div\frac{9}{12}=14\div9=\frac{14}{9}=1\frac{5}{9}$

(4) $2\frac{1}{6}\div\frac{3}{8}=\frac{13}{6}\div\frac{3}{8}=\frac{13\times4}{6\times4}\div\frac{3\times3}{8\times3}$

$=\frac{52}{24}\div\frac{9}{24}=52\div9=\frac{52}{9}=5\frac{7}{9}$

6 (1) $3\frac{1}{5}\div\frac{6}{7}=\frac{16}{5}\times\frac{7}{6}=\frac{56}{15}=3\frac{11}{15}$ (16과 6을 약분: 8, 3)

(2) $1\frac{1}{9}\div\frac{5}{8}=\frac{10}{9}\times\frac{8}{5}=\frac{16}{9}=1\frac{7}{9}$ (10과 5를 약분: 2, 1)

(3) $7\frac{1}{2}\div\frac{3}{5}=\frac{15}{2}\times\frac{5}{3}=\frac{25}{2}=12\frac{1}{2}$ (15와 3을 약분: 5, 1)

(4) $1\frac{7}{8}\div\frac{5}{9}=\frac{15}{8}\times\frac{9}{5}=\frac{27}{8}=3\frac{3}{8}$ (15와 5를 약분: 3, 1)

7 ㉠ $1\frac{2}{3}\div\frac{1}{3}=\frac{5}{3}\times3=5$ (3과 3을 약분: 1, 1)

㉡ $1\frac{2}{3}\div\frac{1}{5}=\frac{5}{3}\times5=\frac{25}{3}=8\frac{1}{3}$

㉢ $1\frac{2}{3}\div\frac{1}{7}=\frac{5}{3}\times7=\frac{35}{3}=11\frac{2}{3}$

따라서 나눗셈의 몫이 가장 큰 식의 기호는 ㉢입니다.

8 $\frac{5}{3}\div\frac{3}{7}=\frac{5}{3}\times\frac{7}{3}=\frac{35}{9}$

$\frac{2}{9}\div\frac{1}{17}=\frac{2}{9}\times17=\frac{34}{9}$

$\frac{2}{3}\div\frac{2}{11}=\frac{\overset{1}{\cancel{2}}}{3}\times\frac{11}{\underset{1}{\cancel{2}}}=\frac{11}{3}=\frac{33}{9}$

따라서 계산 결과가 가장 큰 것에 ○표 하면 다음과 같습니다.

$\frac{5}{3}\div\frac{3}{7}$	$\frac{2}{9}\div\frac{1}{17}$	$\frac{2}{3}\div\frac{2}{11}$
(○)	(　)	(　)

9 $\frac{8}{15}\times\square=\frac{4}{21}$이므로

$\square=\frac{4}{21}\div\frac{8}{15}=\frac{\overset{1}{\cancel{4}}}{\underset{7}{\cancel{21}}}\times\frac{\overset{5}{\cancel{15}}}{\underset{2}{\cancel{8}}}=\frac{5}{14}$

10 $2\frac{4}{7}\div6=\frac{\overset{3}{\cancel{18}}}{7}\times\frac{1}{\underset{1}{\cancel{6}}}=\frac{3}{7}$

$\frac{5}{6}\div2\frac{1}{4}=\frac{5}{6}\div\frac{9}{4}=\frac{5}{\underset{3}{\cancel{6}}}\times\frac{\overset{2}{\cancel{4}}}{9}=\frac{10}{27}$

따라서 빈칸에 알맞은 기약분수를 써넣으면 다음과 같습니다.

÷ →

$2\frac{4}{7}$	6	$\frac{3}{7}$
$\frac{5}{6}$	$2\frac{1}{4}$	$\frac{10}{27}$

11 $16\div\frac{4}{5}=\overset{4}{\cancel{16}}\times\frac{5}{\underset{1}{\cancel{4}}}=20$

$2\frac{2}{3}\div\frac{1}{9}=\frac{8}{\underset{1}{\cancel{3}}}\times\overset{3}{\cancel{9}}=24$

따라서 $20<\square<24$의 □ 안에 들어갈 수 있는 자연수는 21, 22, 23으로 3개입니다.

12 $1\frac{1}{9}\div\frac{5}{8}=\frac{\overset{2}{\cancel{10}}}{9}\times\frac{8}{\underset{1}{\cancel{5}}}=\frac{16}{9}=1\frac{7}{9}$

따라서 꽃밭의 가로의 길이는 세로의 길이의 $1\frac{7}{9}$배입니다.

13 $3\frac{4}{7}\div\frac{5}{14}=\frac{\overset{5}{\cancel{25}}}{\underset{1}{\cancel{7}}}\times\frac{\overset{2}{\cancel{14}}}{\underset{1}{\cancel{5}}}=10=\frac{170}{17}$

따라서 $\frac{\square}{17}>\frac{170}{7}$의 □ 안에 들어갈 수 있는 가장 작은 자연수는 171입니다.

14 어떤 수를 □라 합시다.

어떤 수에 $\frac{5}{8}$를 곱했더니 $2\frac{1}{7}$이 되었으므로

$\square\times\frac{5}{8}=2\frac{1}{7}$

$\square=2\frac{1}{7}\div\frac{5}{8}=\frac{15}{7}\times\frac{8}{5}$

따라서 어떤 수를 $\frac{5}{7}$로 나눈 몫은

$\frac{15}{7}\times\frac{8}{5}\div\frac{5}{7}=\frac{\overset{3}{\cancel{15}}}{\underset{1}{\cancel{7}}}\times\frac{8}{\underset{1}{\cancel{5}}}\times\frac{\overset{1}{\cancel{7}}}{5}$

$=\frac{24}{5}=4\frac{4}{5}$

입니다.

15 $2\frac{2}{5}\div\frac{3}{8}=\frac{\overset{4}{\cancel{12}}}{5}\times\frac{8}{\underset{1}{\cancel{3}}}=\frac{32}{5}=6\frac{2}{5}$

따라서 주스를 모두 6명에게 나누어 줄 수 있습니다.

16 A자동차 : $6\frac{2}{5}\div\frac{4}{5}=\frac{32}{5}\div\frac{4}{5}=32\div4=8$

B자동차 : $4\frac{4}{5}\div\frac{2}{3}=\frac{24}{5}\div\frac{2}{3}=\frac{\overset{12}{\cancel{24}}}{5}\times\frac{3}{\underset{1}{\cancel{2}}}$

$=\frac{36}{5}=7\frac{1}{5}$

C자동차 : $5\frac{2}{3}\div\frac{2}{3}=\frac{17}{3}\div\frac{2}{3}=\frac{17}{\underset{1}{\cancel{3}}}\times\frac{\overset{1}{\cancel{3}}}{2}$

$=\frac{17}{2}=8\frac{1}{2}$

따라서 세 자동차 중에서 연비가 가장 큰 자동차는 C자동차입니다.

단원 총정리

단원평가문제

본문 p. 93

1

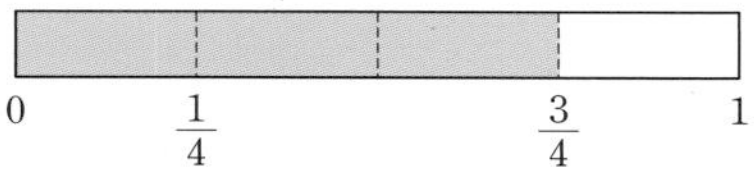

(수직선: 0, $\frac{1}{4}$, $\frac{3}{4}$, 1)

$\frac{3}{4}$은 $\frac{1}{4}$이 3개이므로 $\frac{3}{4}\div\frac{1}{4}$은 3을 1로 나누는 것과 같습니다.

$\frac{3}{4}\div\frac{1}{4}=3\div1=3$

2 $\frac{8}{9}$은 $\frac{1}{9}$이 8개이고 $\frac{2}{9}$는 $\frac{1}{9}$이 2개이므로

$\frac{8}{9}\div\frac{2}{9}$는 8을 2로 나누는 것과 같습니다.

$\frac{8}{9}\div\frac{2}{9}=8\div2=4$

따라서 $\frac{8}{9}$은 $\frac{2}{9}$가 4개이고 그림에 색칠하면 다음과 같습니다.

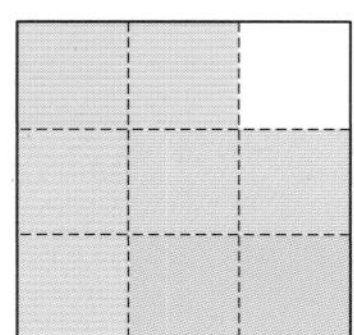

3 $\frac{12}{13}\div\frac{3}{13}=12\div3=4$

따라서 리본끈을 4명에게 나누어 줄 수 있습니다.

4 ㉠ $\frac{4}{7}\div\frac{3}{7}=4\div3=\frac{4}{3}=1\frac{1}{3}$

㉡ $\frac{4}{5}\div\frac{7}{10}=\frac{4\times2}{5\times2}\div\frac{7}{10}=\frac{8}{10}\div\frac{7}{10}$

$=8\div7=\frac{8}{7}=1\frac{1}{7}$

㉢ $\frac{10}{11}\div\frac{9}{11}=10\div9=\frac{10}{9}=1\frac{1}{9}$

따라서 나눗셈의 몫이 가장 큰 식의 기호는 ㉠입니다.

5 $15\div\frac{3}{4}=\overset{5}{\cancel{15}}\times\frac{4}{\underset{1}{\cancel{3}}}=20$

$18\div\frac{9}{11}=\overset{2}{\cancel{18}}\times\frac{11}{\underset{1}{\cancel{9}}}=22$

$6\div\frac{2}{7}=\overset{3}{\cancel{6}}\times\frac{7}{\underset{1}{\cancel{2}}}=21$

따라서 크기가 같은 분수끼리 선을 그어 연결하면 다음과 같습니다.

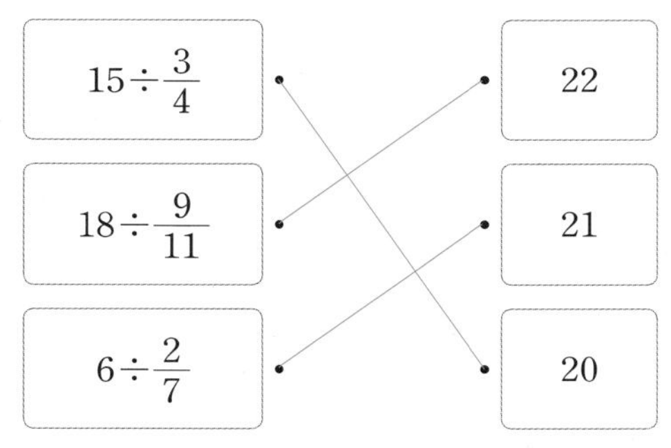

6 $\frac{2}{3}\div\frac{2}{15}=\frac{2\times5}{3\times5}\div\frac{2}{15}$

$=\frac{10}{15}\div\frac{2}{15}=10\div2$

$=5$

$5\div\frac{3}{10}=5\times\frac{10}{3}=\frac{50}{3}=16\frac{2}{3}$

따라서 빈칸에 알맞은 분수를 써넣으면 다음과 같습니다.

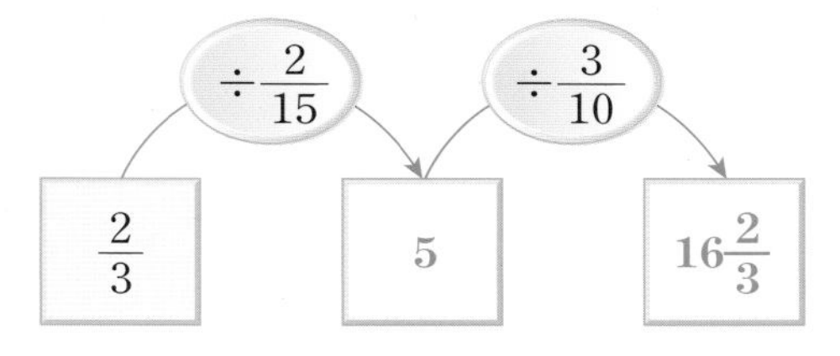

7 $6\div\frac{4}{7}=(6\div4)\times7=\frac{\overset{3}{\cancel{6}}}{\underset{2}{\cancel{4}}}\times7=\frac{21}{2}=10\frac{1}{2}$

8 $6\div\frac{2}{5}=\overset{3}{\cancel{6}}\times\frac{5}{\underset{1}{\cancel{2}}}=15$

따라서 포장할 수 있는 선물은 모두 15개입니다.

9 $\frac{13}{16}\div\frac{1}{4}=\frac{13}{\underset{4}{\cancel{16}}}\times\overset{1}{\cancel{4}}=\frac{13}{4}=3\frac{1}{4}$

따라서 $3\frac{1}{4}>\square$의 $\square$ 안에 들어갈 수 있는 가장 큰 자연수는 3입니다.

10 $\frac{4}{5}\div\frac{7}{10}=\frac{4}{\underset{1}{\cancel{5}}}\times\frac{\overset{2}{\cancel{10}}}{7}=\frac{8}{7}=1\frac{1}{7}$

따라서 세로의 길이는 $1\frac{1}{7}$ cm입니다.

11 $\frac{6}{7}\div\frac{7}{9}=\frac{6\times9}{7\times9}\div\frac{7\times7}{9\times7}$

$=\frac{54}{63}\div\frac{49}{63}=54\div49$

$=\frac{54}{49}=1\frac{5}{49}$

12 $48\div\frac{6}{7}=\overset{8}{\cancel{48}}\times\frac{7}{\underset{1}{\cancel{6}}}=56$

$48\div3\frac{1}{5}=48\div\frac{16}{5}=\overset{3}{\cancel{48}}\times\frac{5}{\underset{1}{\cancel{16}}}=15$

따라서 빈칸에 알맞은 수를 써넣으면 다음과 같습니다.

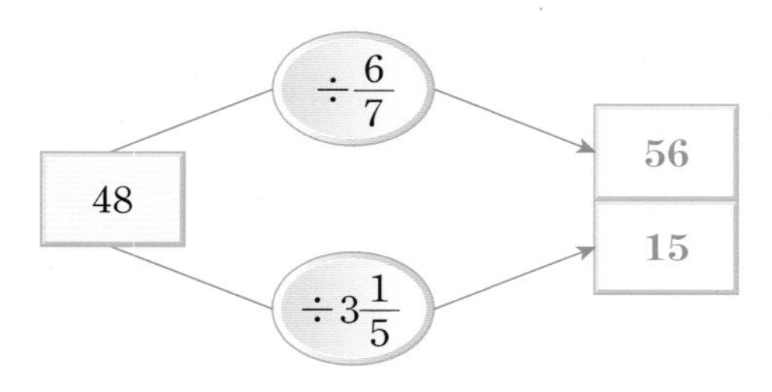

13 $12\frac{1}{2}\div2\frac{1}{2}=\frac{25}{2}\div\frac{5}{2}$

$=\frac{\overset{5}{\cancel{25}}}{\underset{1}{\cancel{2}}}\times\frac{\overset{1}{\cancel{2}}}{\underset{1}{\cancel{5}}}$

$=5$

따라서 평행사변형의 높이는 5 cm입니다.

14 어떤 분수를 $\square$라 합시다.

어떤 분수에 $\frac{7}{9}$을 곱했더니 $2\frac{4}{5}$가 되었으므로

$\square\times\frac{7}{9}=2\frac{4}{5}$

$\square=2\frac{4}{5}\div\frac{7}{9}=\frac{\overset{2}{\cancel{14}}}{5}\times\frac{9}{\underset{1}{\cancel{7}}}=\frac{18}{5}=3\frac{3}{5}$

15 가장 큰 수를 가장 작은 수로 나눌 때 계산 결과가 가장 큰 수가 됩니다.

$2\frac{1}{3}\div\frac{3}{4}=\frac{7}{3}\div\frac{3}{4}=\frac{7}{3}\times\frac{4}{3}=\frac{28}{9}=3\frac{1}{9}$

| 참고 |

6과 4의 최소공배수는 12입니다.

$\frac{5}{6}=\frac{10}{12}$, $\frac{3}{4}=\frac{9}{12}$이므로 $\frac{5}{6}>\frac{3}{4}$입니다.

16 $\frac{2}{5}\div\frac{3}{10}=\frac{2}{\underset{1}{\cancel{5}}}\times\frac{\overset{2}{\cancel{10}}}{3}=\frac{4}{3}=1\frac{1}{3}$

따라서 사회 교과서의 무게는 과학 교과서의 무게는 $1\frac{1}{3}$배입니다.

17 (1) 분모의 곱으로 통분하기

$\frac{3}{10}\div\frac{2}{15}=\frac{3\times15}{10\times15}\div\frac{2\times10}{15\times10}$

$=\frac{45}{150}\div\frac{20}{150}$

$=45\div20=\frac{45}{20}=\frac{9}{4}$

$=2\frac{1}{4}$

(2) 최소공배수로 통분하기

$\frac{3}{10}\div\frac{2}{15}=\frac{3\times3}{10\times3}\div\frac{2\times2}{15\times2}$

$=\frac{9}{30}\div\frac{4}{30}=9\div4$

$=\frac{9}{4}=2\frac{1}{4}$

(3) 분수의 곱셈으로 계산하기

$\frac{3}{10}\div\frac{2}{15}=\frac{3}{\underset{2}{\cancel{10}}}\times\frac{\overset{3}{\cancel{15}}}{2}=\frac{9}{4}=2\frac{1}{4}$

18 $2\frac{2}{3}\div\frac{5}{6}=\frac{8}{\underset{1}{\cancel{3}}}\times\frac{\overset{2}{\cancel{6}}}{5}=\frac{16}{5}=3\frac{1}{5}$

$1\frac{3}{5}\div\frac{8}{17}=\frac{8}{5}\div\frac{8}{17}=\frac{\overset{1}{\cancel{8}}}{5}\times\frac{17}{\underset{1}{\cancel{8}}}$

$=\frac{17}{5}=3\frac{2}{5}$

따라서 ○ 안에 알맞은 것은 $<$입니다.

19 $3\frac{4}{15}\div\frac{4}{9}=\frac{49}{15}\div\frac{4}{9}=\frac{49}{15}\times\frac{9}{4}$

$=\frac{147}{20}=7\frac{7}{20}$

20 $\frac{14}{9}※1\frac{2}{5}=\left(\frac{14}{9}\div1\frac{2}{5}\right)\times2=\left(\frac{14}{9}\div\frac{7}{5}\right)\times2$

$=\left(\frac{14}{9}\times\frac{5}{7}\right)\times2$

$=\frac{10}{9}\times2=\frac{20}{9}$

$=2\frac{2}{9}$

21 $2\frac{2}{5}\div\square=5\frac{1}{5}$이므로

$\frac{12}{5}\div\square=\frac{26}{5}$

$\frac{12}{5}\times\frac{1}{\square}=\frac{26}{5}$

$\frac{1}{\square}=\frac{26}{5}\div\frac{12}{5}=\frac{26}{5}\times\frac{5}{12}$

$=\frac{13}{6}$

따라서 $\square=\frac{6}{13}$입니다.

22 $13\frac{1}{2}\div3\frac{3}{8}\div\frac{2}{3}=\frac{27}{2}\div\frac{27}{8}\div\frac{2}{3}$

$=\frac{27}{2}\times\frac{8}{27}\times\frac{3}{2}$

$=\frac{12}{2}=6$

23 어떤 수를 □라 합시다.

어떤 수에 $\frac{5}{6}$를 곱하였더니 $\frac{5}{7}$가 되었으므로

$\square\times\frac{5}{6}=\frac{5}{7}$

$\square=\frac{5}{7}\div\frac{5}{6}=\frac{5}{7}\times\frac{6}{5}=\frac{6}{7}$

따라서 바르게 계산하면 다음과 같습니다.

$\frac{6}{7}\div\frac{5}{6}=\frac{6}{7}\times\frac{6}{5}=\frac{36}{35}=1\frac{1}{35}$

24 $6\div\frac{2}{5}=6\times\frac{5}{2}=15$

따라서 정국이가 6시간 동안 조립할 수 있는 장난감 비행기는 모두 15대입니다.

25 수박 1kg의 가격은

$16000\div2\frac{2}{3}=16000\div\frac{8}{3}$

$=16000\times\frac{3}{8}$

$=6000$

따라서 수박 3개를 사려면 $3\times6000=18000$(원)을 계산해야 합니다.

26 $\frac{3}{8}\div\frac{5}{12}=\frac{3}{8}\times\frac{12}{5}=\frac{9}{10}$

따라서 민정이가 먹은 피자의 양은 소희가 먹은 피자의 양의 $\frac{9}{10}$배입니다.

27 처음 떨어뜨린 공의 높이를 □m라 합시다.

$\square\times\frac{4}{5}\times\frac{4}{5}\times\frac{4}{5}=3\frac{1}{5}$

$\square=3\frac{1}{5}\div\frac{4}{5}\div\frac{4}{5}\div\frac{4}{5}$

$=\frac{16}{5}\times\frac{5}{4}\times\frac{5}{4}\times\frac{5}{4}=\frac{4\times5\times5}{4\times4}$

$=\frac{25}{4}=6\frac{1}{4}$

따라서 처음 떨어뜨린 공의 높이는 $6\frac{1}{4}$ m입니다.

28 $\frac{1}{500}=\frac{2}{1000}$, $\frac{1}{250}=\frac{4}{1000}$, $\frac{1}{200}=\frac{5}{1000}$

$\frac{1}{125}=\frac{8}{1000}$이므로

㉠$=\frac{3}{1000}$, ㉡$=\frac{6}{1000}$, ㉢$=\frac{7}{1000}$입니다.

$㉠÷㉡×㉢=\frac{3}{1000}÷\frac{6}{1000}×\frac{7}{1000}$

$=\frac{\overset{1}{\cancel{3}}}{\underset{1}{\cancel{1000}}}×\frac{\overset{1}{\cancel{1000}}}{\underset{2}{\cancel{6}}}×\frac{7}{1000}$

$=\frac{7}{2000}$

입니다.

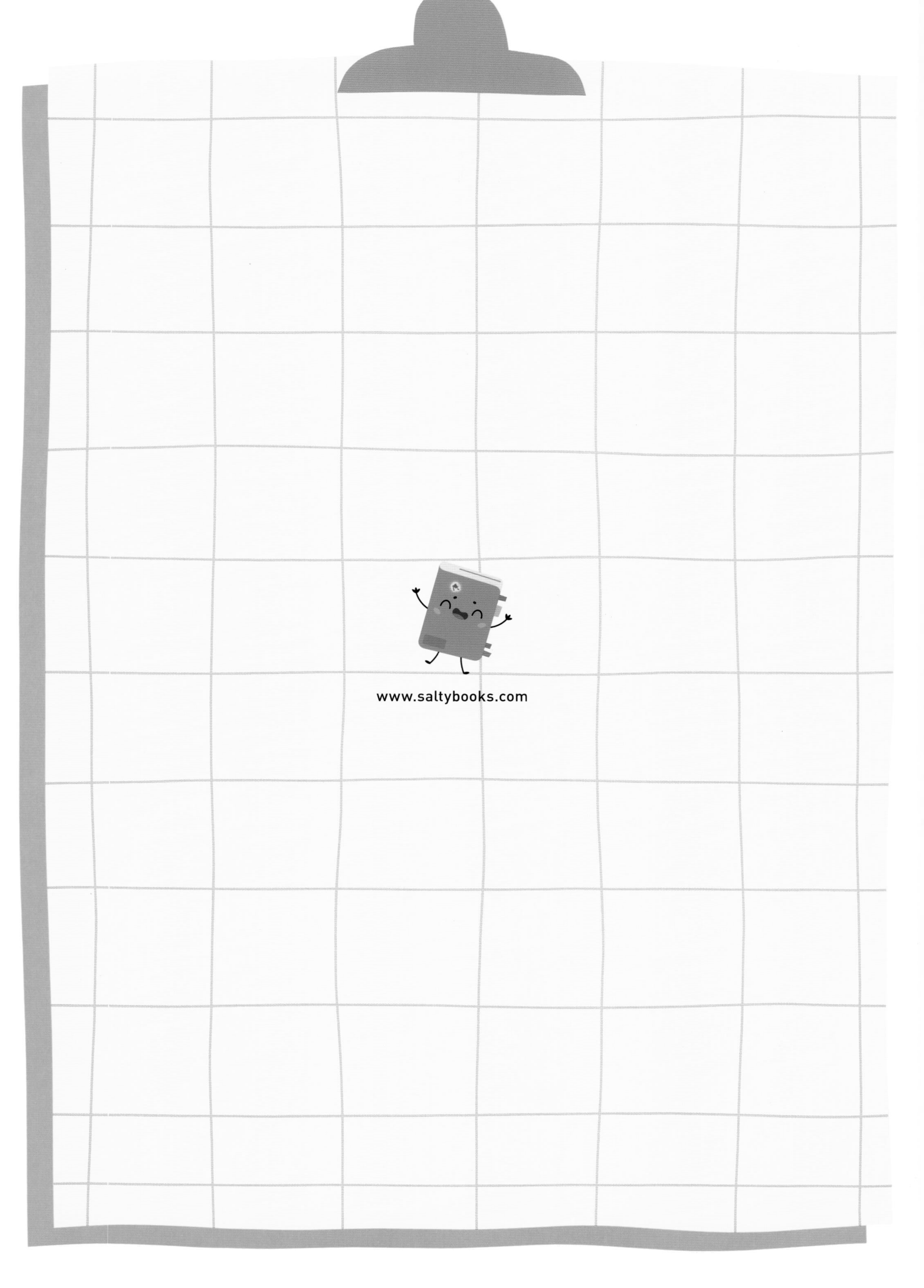
www.saltybooks.com